2학년에는 즐깨감 수학

측정·
확률과
통계

와이즈만 BOOKs

와이즈만 영재교육연구소 지음

즐거움과 깨달음, 감동이 있는 교육 문화를 창조한다는 사명으로 우리나라의 수학, 과학 영재교육을 주도하면서
창의 영재수학과 창의 영재과학 교재 및 프로그램을 개발했습니다. 구성주의 이론에 입각한 교수학습 이론과
창의성 이론 및 선진 교육 이론 연구 등에도 전념하고 있습니다. 국내 최고의 사설 영재교육 기관인 와이즈만 영재교육에
교육 콘텐츠를 제공하고 교사 교육을 담당하고 있습니다. 이 책을 책임 집필하신 분은 임성숙 선생님입니다.

처음 시작하는 초등 사고력 수학

2학년에는 즐깨감 수학: 측정·확률과 통계

1판 1쇄 발행 2012년 7월 10일 **개정증보판 1판 1쇄 발행** 2025년 12월 30일

글 와이즈만 영재교육연구소 | 그림 김차경 | 발행처 와이즈만 BOOKs | 발행인 염만숙
출판사업본부장 김현정 | **편집** 김예지 이지웅 이시온
디자인 디자인제이
편집진행 마이퍼스트스파크
마케팅 강윤현 장하라 김희정

출판등록 1998년 7월 23일 제1998-000170
제조국 대한민국 | **사용 연령** 6세 이상
주소 서울특별시 서초구 남부순환로 2219 나노빌딩 5층
전화 마케팅 02-2033-8987 편집 02-2033-8928
팩스 02-3474-1411
전자우편 books@askwhy.co.kr
홈페이지 mindalive.co.kr

새로운 교육 과정은 미래 사회에 대비한 창의력과 인성을 키우는 것을 목표로 하고 있습니다. 따라서 단순 암기해야 하는 내용은 대폭 줄고, 프로젝트 학습이나 토의 토론식 수업 중심이 됩니다. 또한 각 과목 간 융합을 통한 '창의적 융합인재 육성' 이른바 'STEAM'교육이 강조되고 있습니다. 특히 수학은 논리력과 문제 해결 과정 중심으로 개편되고 있습니다. 이제까지의 단순 암기식 학습이 아니라 스스로 개념과 원리를 이해하고 탐구할 수 있는 근본적인 학습 태도와 학습 동기를 변화시키고자 하는 의지를 담고 있는 것입니다.

이러한 새로운 교육 방향이 저희 와이즈만 영재교육에게는 전혀 낯설지 않습니다. 와이즈만에서는 오래전부터 창의적인 인재를 양성하기 위해 구성주의 이론을 적용한 창의사고력 수학을 가르쳐왔기 때문입니다. 이번 '즐깨감 초등 수학 시리즈'에서도 와이즈만 영재교육이 오랫동안 쌓아온 경험과 성과가 잘 녹아 있습니다.

'즐깨감 초등 수학 시리즈'는 생활 속에서 접하는 상황이나 퍼즐, 게임 등과 같이 다양한 소재를 이용해 학생들이 수학에 대한 거부감 없이 쉽게 접근할 수 있도록 했습니다. 학생들은 본 교재를 통해 재미있는 수학을 접하고 원리를 이해하는 습관을 기르면서 수학에 대해 유연하게 사고하는 방법을 익힐 수 있습니다. 무엇보다도 '수와 연산' '도형' '규칙성과 문제해결' '측정·확률과 통계' 같은 다양한 영역에서 집중적으로 실력을 다져 모든 영역에서 수학적 능력을 발휘할 수 있습니다.

와이즈만 영재교육 연구소는 수학을 처음 접하는 아이들이 수학 문제를 푸는 동안 즐거움과 깨달음을 얻고, 감동을 품을 수 있기를 간절히 기원합니다.

와이즈만영재교육연구소 소장
이미경

스스로 생각하는 힘을 기르는

즐깨감 시리즈

'즐깨감'은 **즐**거움, **깨**달음, **감**동의 줄임
말로, 와이즈만 영재교육의 수학·과학
학습 노하우가 담긴 학습서입니다. 단순
한 연산 법칙이나 공식을 암기하기보다
생활 속에서 접하는 상황이나 다양한 소
재를 이용해 학생이 수학에 대한 거부감
없이 쉽게 접근하고, 수학 과학에 대한
긍정적인 태도를 갖게 합니다.

수학 감각이
쑥쑥!

어떤 순서로
공부할까?

기본편	4가지 수학 영역의 기초를 다집니다.

↓

영역편	영역별로 나눠 집중적으로 학습합니다.

↓

응용편	학습한 내용을 토대로 여러 가지 퍼즐 문제를 해결합니다.

↓

실력편	난이도가 높은 창의 사고력 문제로 실력을 높입니다.

	기본편	영역편
5세	5세에는 즐깨감 수학 8 2	5세에는 즐깨감 수학 8 2 / 5세에는 즐깨감 수학
6세	6세에는 즐깨감 수학 기본편	6세에는 즐깨감 수와 연산 / 6세에는 즐깨감 도형과 공간
7세	7세에는 즐깨감 수학 기본편	7세에는 즐깨감 수와 연산 / 7세에는 즐깨감 도형과 공간
1학년		1학년에는 즐깨감 수학 8 2 / 1학년에는 즐깨감 수학
2학년		2학년에는 즐깨감 수학 8 2 / 2학년에는 즐깨감 수학
3학년		3학년에는 즐깨감 수학 / 3학년에는 즐깨감 수학

	응용편	실력편	입학 준비편	과학창의력

즐깨감 초등 수학은 개정 교육과정에 따라 〈수와 연산〉, 〈도형〉, 〈규칙성과 문제해결〉, 〈측정·확률과 통계〉의 네 영역으로 커리큘럼을 설계하였습니다.

이 책의 구성과 활용

STEP 1

생각이 자라는

흥미로운 일상 속 수학을 만나 봐!

수학의 개념과 원리를 익히는 활동입니다. 생활 속 소재나 이야기를 통해 흥미를 불러일으키며, 개념별로 다양한 유형의 문제를 풀면서 기초를 튼튼히 다질 수 있습니다. 난이도 하, 중하 수준의 문제로 구성되었습니다.

STEP 2

응용력이 커지는

수학적 사고를 키워 봐!

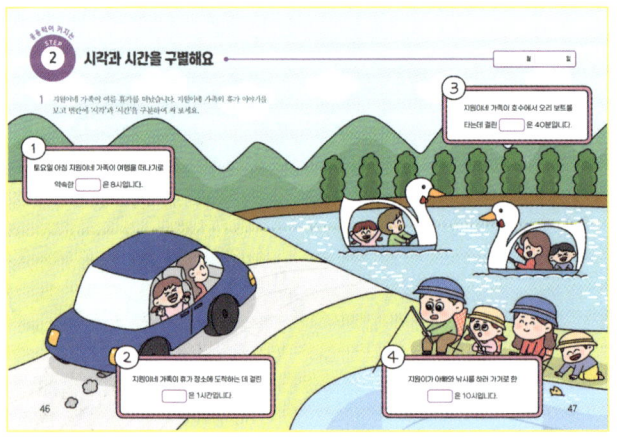

1단계에서 개념을 이해한 다음, 실제로 적용하고 응용해 보는 활동입니다. 기본적인 개념 확인 문제를 비롯해 이해력, 계산력, 논리력, 문제 해결력 등을 기를 수 있는 문제로 구성했습니다. 난이도는 중, 중상 수준이며, 이 단계를 통해 수학적 사고의 폭을 확장할 수 있습니다.

창의력이 샘솟는

퍼즐과 미로도
재밌어!

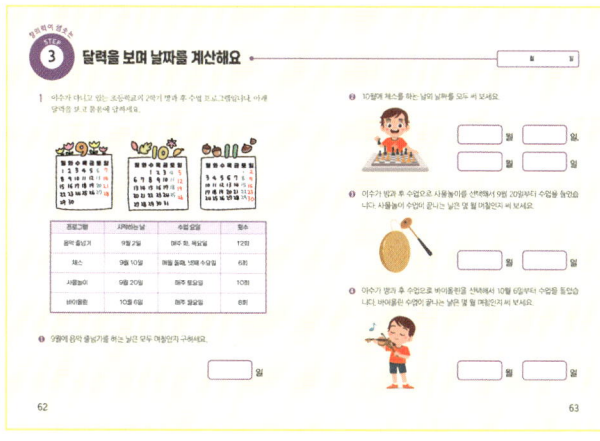

일반적인 유형에서 나아가 사고력과 창의력을 기르는 활동입니다. 퍼즐이나 미로 등을 활용한 사고력 문제, 여러 개념을 종합한 융복합 문제 등으로 구성했습니다. 난이도는 중, 중상 수준이며, 이 단계를 통해 수학적 추론 능력과 창의적 문제 해결력을 기를 수 있습니다.

답지를 확인해요

수학 자신감
회복!

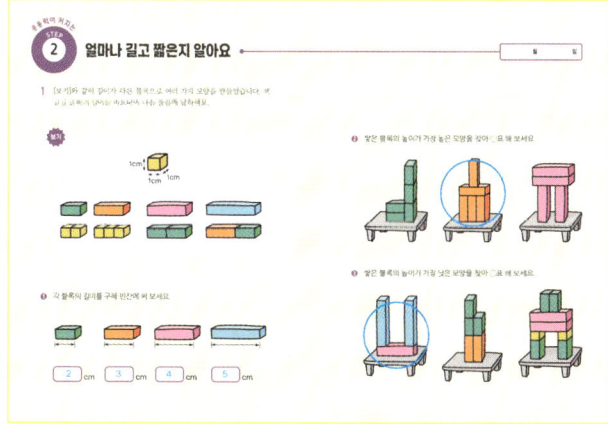

정답을 한눈에 알아볼 수 있도록 본문 위에 파란색으로 답을 표시하였습니다. 창의적인 아이들은 정답 외에도 다양한 답을 떠올립니다. 부모님이 판단하실 때, 아이의 답이 논리적이고 합당하다면 칭찬해 주세요. 또한, 정답이 아니더라도 열심히 노력한 자세나 문제 해결 과정을 격려한다면 수학에 자신감을 얻을 수 있습니다.

차례

1 측정해 볼까요?

 **분류하고
정리해요**

측정해
볼까요?

① 길고 짧고
길이 단위를 구분해요 ●

1 [보기]와 같이 물건의 길이를 어림해 알맞은 길이에 ○표 해 보세요.

보기

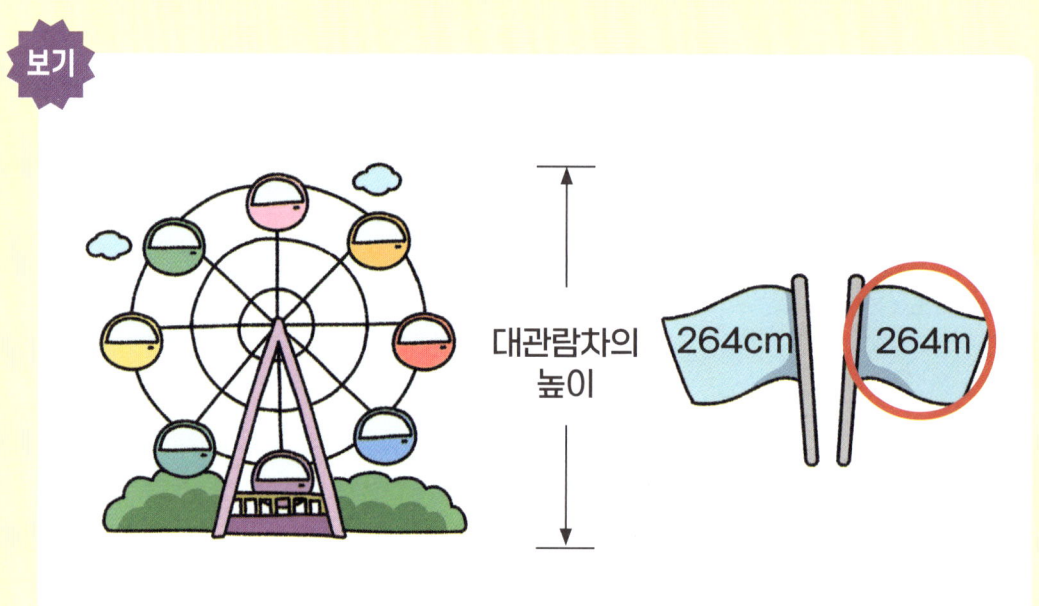

대관람차의 높이

264cm 264m

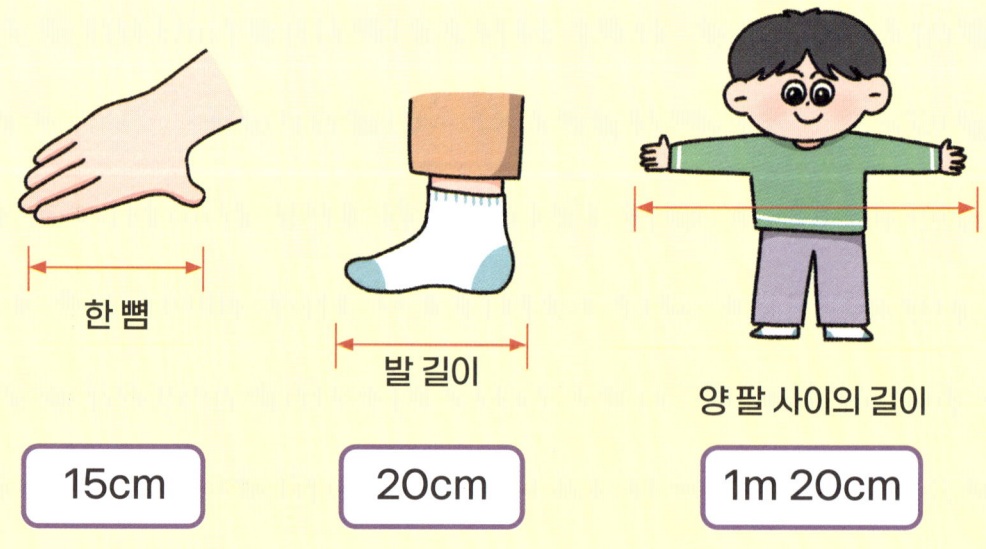

한 뼘   발 길이   양 팔 사이의 길이

| 15cm | 20cm | 1m 20cm |

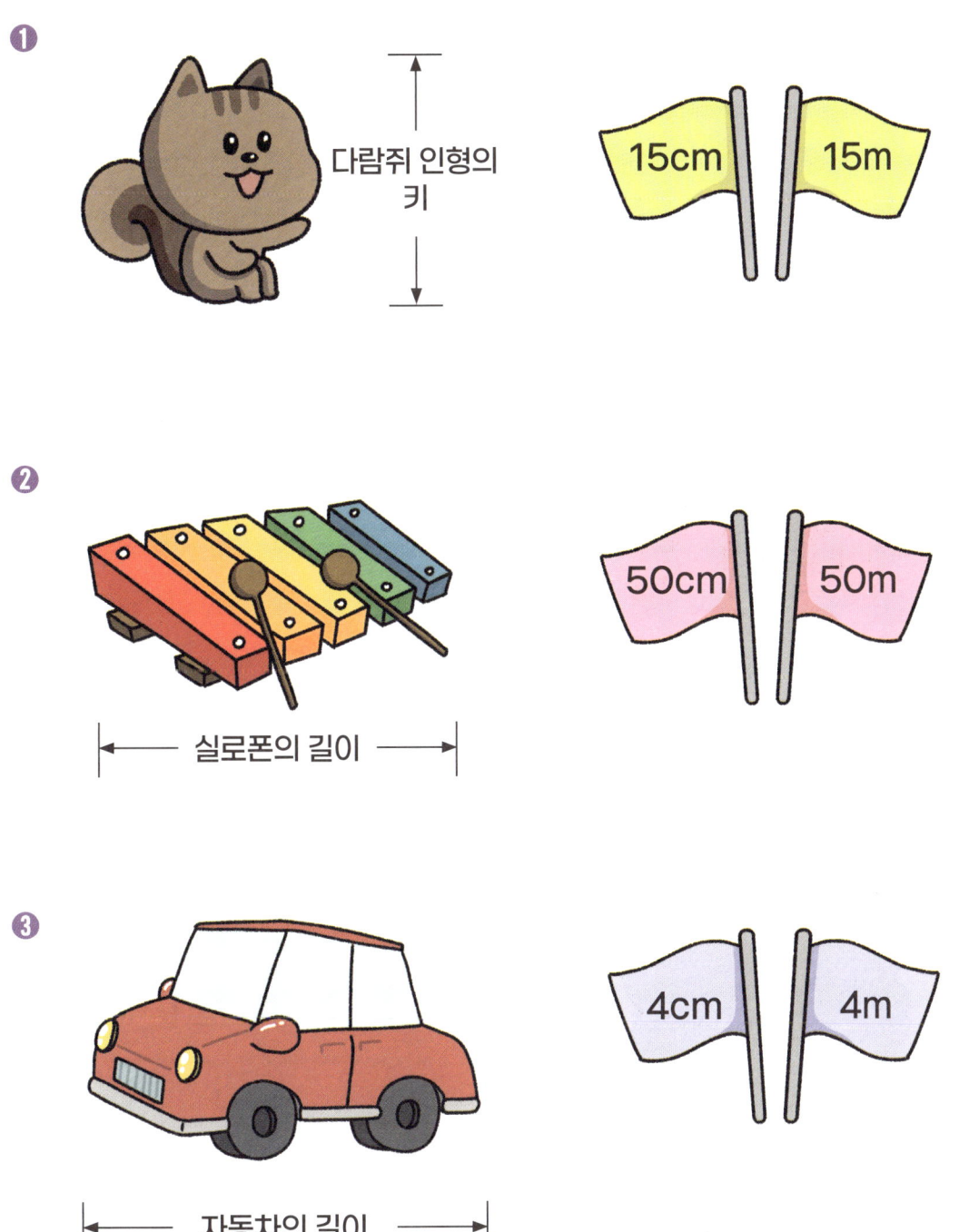

❶ 다람쥐 인형의 키 15cm 15m

❷ 실로폰의 길이 50cm 50m

❸ 자동차의 길이 4cm 4m

2 [보기]와 같이 물건의 길이를 단위를 바꿔 써 보세요.

보기

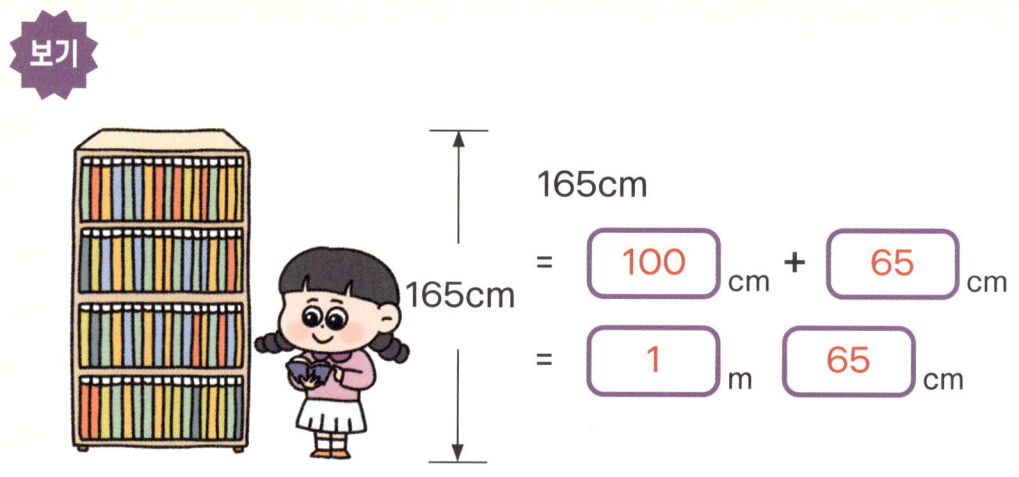

165cm

= $\boxed{100}$ cm $+$ $\boxed{65}$ cm

= $\boxed{1}$ m $\boxed{65}$ cm

❶

381cm

= $\boxed{}$ cm $+$ $\boxed{}$ cm

= $\boxed{}$ m $\boxed{}$ cm

❷

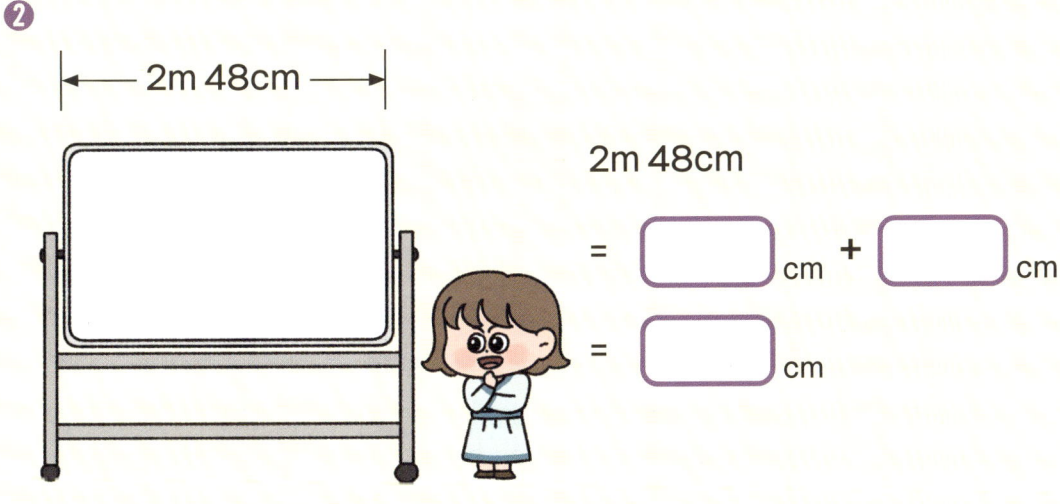

2m 48cm

= [   ] cm + [   ] cm

= [   ] cm

❸

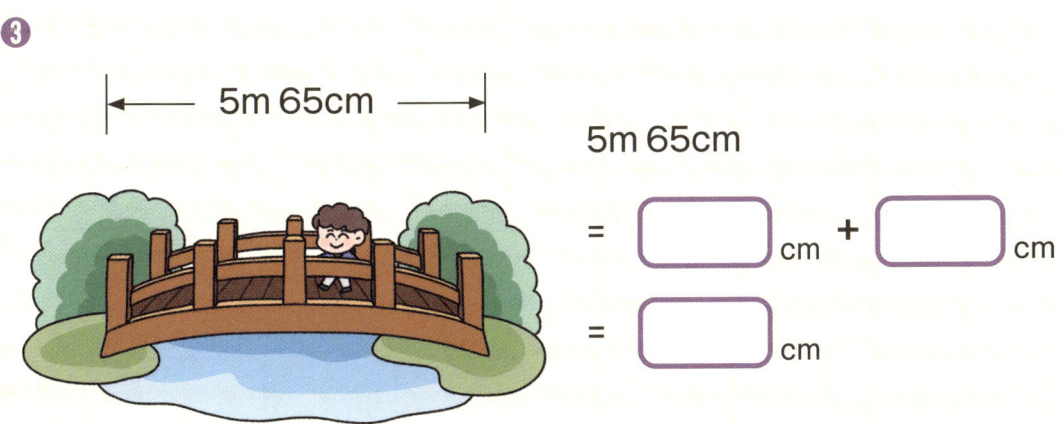

5m 65cm

= [   ] cm + [   ] cm

= [   ] cm

STEP 2 얼마나 길고 짧은지 알아요

1 [보기]와 같이 길이가 다른 블록으로 여러 가지 모양을 만들었습니다. 색깔별 블록의 길이를 비교하여 다음 물음에 답하세요.

보기

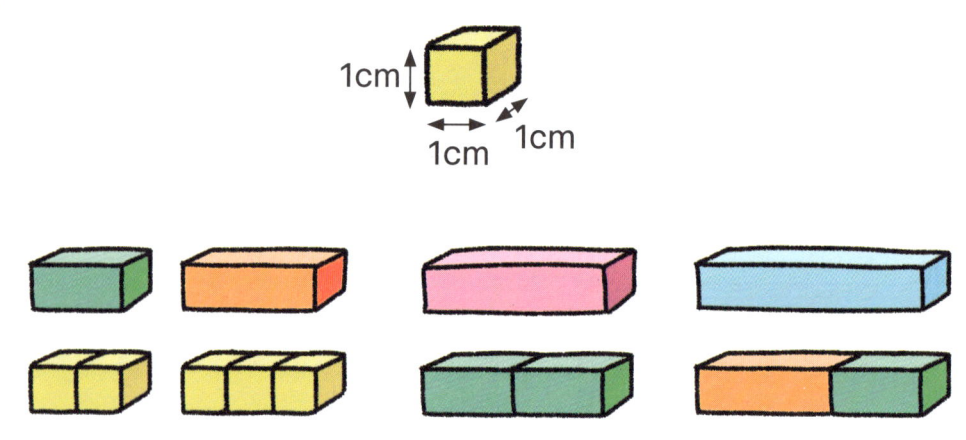

❶ 각 블록의 길이를 구해 빈칸에 써 보세요.

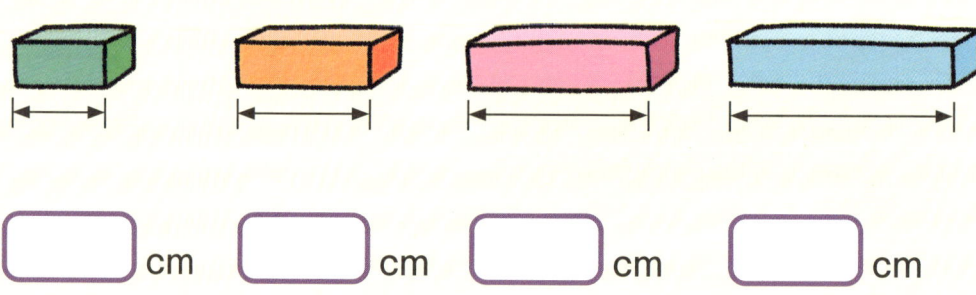

□ cm □ cm □ cm □ cm

❷ 쌓은 블록의 높이가 가장 높은 모양을 찾아 ○표 해 보세요.

❸ 쌓은 블록의 높이가 가장 낮은 모양을 찾아 ○표 해 보세요.

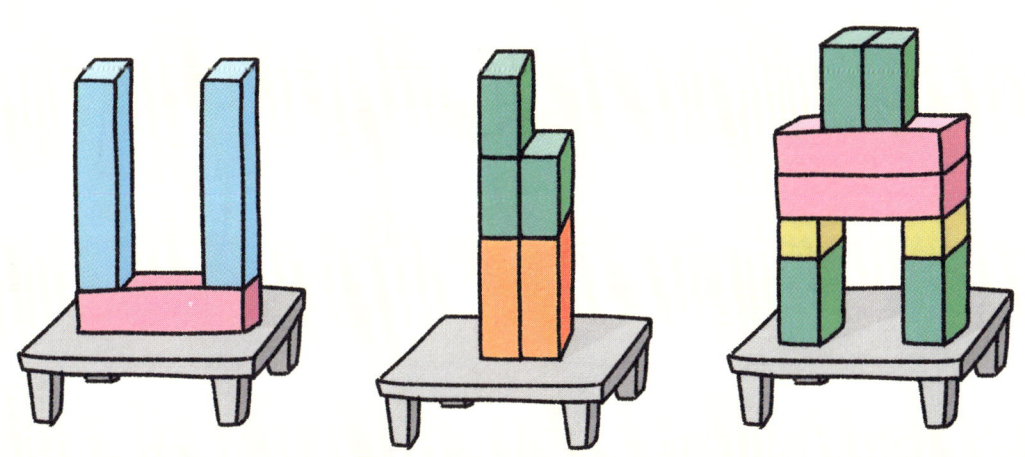

17

응용력이 커지는
STEP
2

2 길이가 10cm인 막대로 키 재기를 했습니다. 다음 글을 읽고 빈칸에 알맞은 이름을 써 보세요.

▶ 지원이의 키는 막대 12개 길이와 같습니다.
▶ 연우의 키는 지원이보다 막대 2개 길이만큼 더 큽니다.
▶ 이수의 키는 연우보다 막대 1개 길이만큼 더 큽니다.
▶ 희수의 키는 이수보다 막대 2개 길이만큼 더 작습니다.

| 지원 | | | |

3 지원, 연우, 이수, 희수 4명의 친구들이 제자리 멀리뛰기를 했습니다. 다음 대화를 읽고 각 친구들의 위치를 찾아 모래판 위에 이름을 써 보세요.

▶ 이수는 지원이보다 20cm를 더 뛰었습니다.

▶ 연우는 이수보다 30cm 덜 뛰었습니다.

▶ 지원이는 1m 20cm를 뛰었습니다.

▶ 희수가 연우보다 30cm 덜 뛰었습니다.

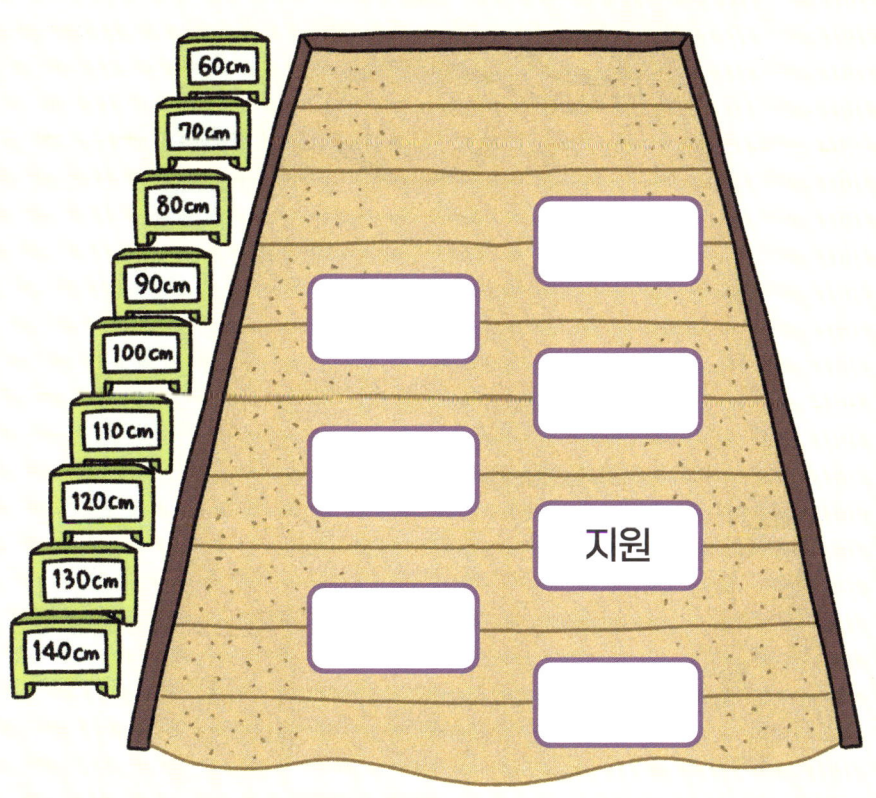

4   [보기]와 같이 문제를 읽고 길이에 관한 문제를 풀어 보세요.

보기

빨간색 끈의 길이는 256cm이고
파란색 끈의 길이는 1m 47cm야.
이 끈을 겹치지 않게 이어 붙이면
전체 길이는 몇 m 몇 cm일까?

식

$$\begin{array}{r} 2m\ \ 56cm \\ +\ 1m\ \ 47cm \\ \hline 4m\ \ \ 3cm \end{array}$$

답

4 m 3 cm

❶

운동장의 가로는 5m 89cm이고
세로는 3m 29cm야.
운동장의 가로와 세로 길이의
차이는 얼마일까?

답

☐ m ☐ cm

❷

다운이는 4m 56cm의 리본을 가지고 있어. 이 중 상자를 포장하기 위해 2m 47cm를 이용했다면 남은 리본의 길이는 얼마일까?

답 ☐ m ☐ cm

❸

엄마 기린의 키는 5m 5cm이고 아기 기린의 키는 173cm야. 엄마 기린과 아기 기린의 키의 합은 얼마일까?

답 ☐ m ☐ cm

창의력이 샘솟는

STEP 3

길고 짧고를 비교해요

1 길이 막대를 이용하면 [보기]와 같이 여러 길이를 잴 수 있습니다. 막대 그림을 그려 여러 가지 길이를 재어 보세요.

보기

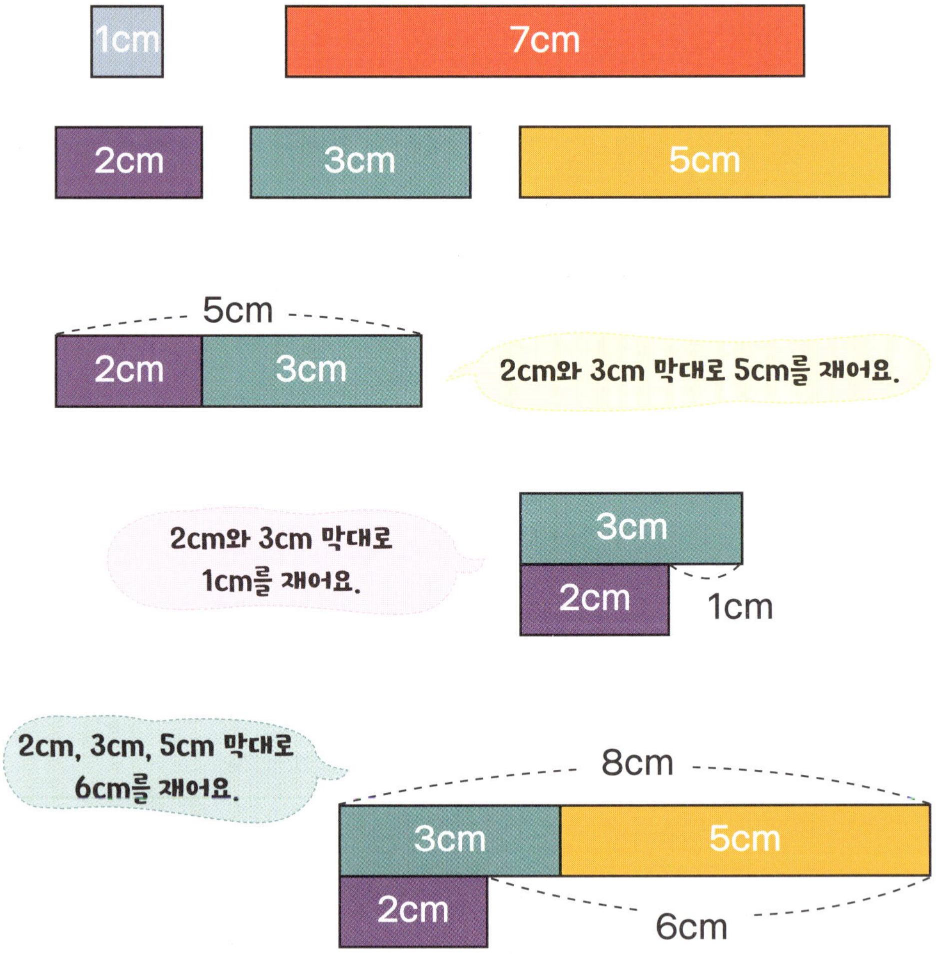

1cm		7cm

2cm	3cm	5cm

5cm

2cm	3cm

2cm와 3cm 막대로 5cm를 재어요.

2cm와 3cm 막대로
1cm를 재어요.

3cm
2cm	1cm

2cm, 3cm, 5cm 막대로
6cm를 재어요.

8cm

3cm	5cm
2cm	6cm

22

❶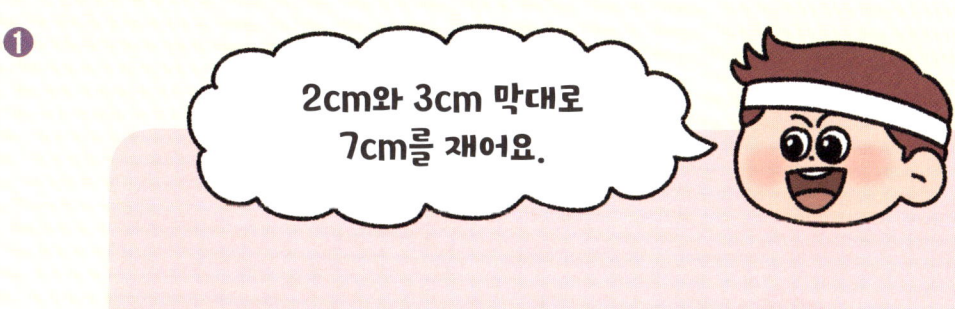

2cm와 3cm 막대로
7cm를 재어요.

❷

1cm, 3cm, 5cm 막대로
7cm를 재어요.

❸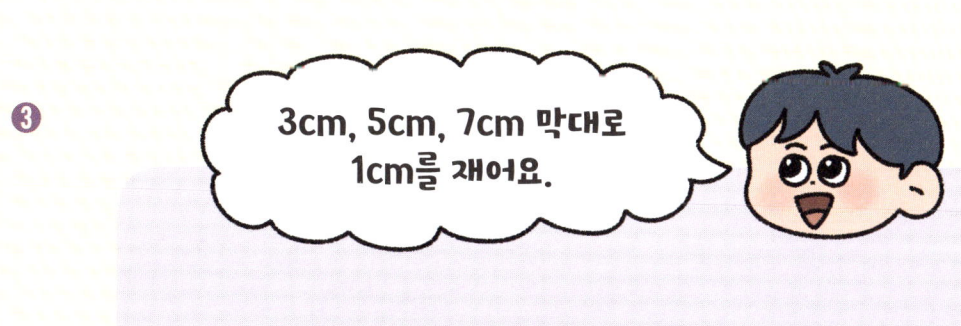

3cm, 5cm, 7cm 막대로
1cm를 재어요.

2 빨간선에서 동시에 공을 던져 공이 떨어진 곳에 깃발을 꽂았습니다. 각 친구들의 기록을 구해 빈칸에 알맞은 수를 써 보세요.

❶

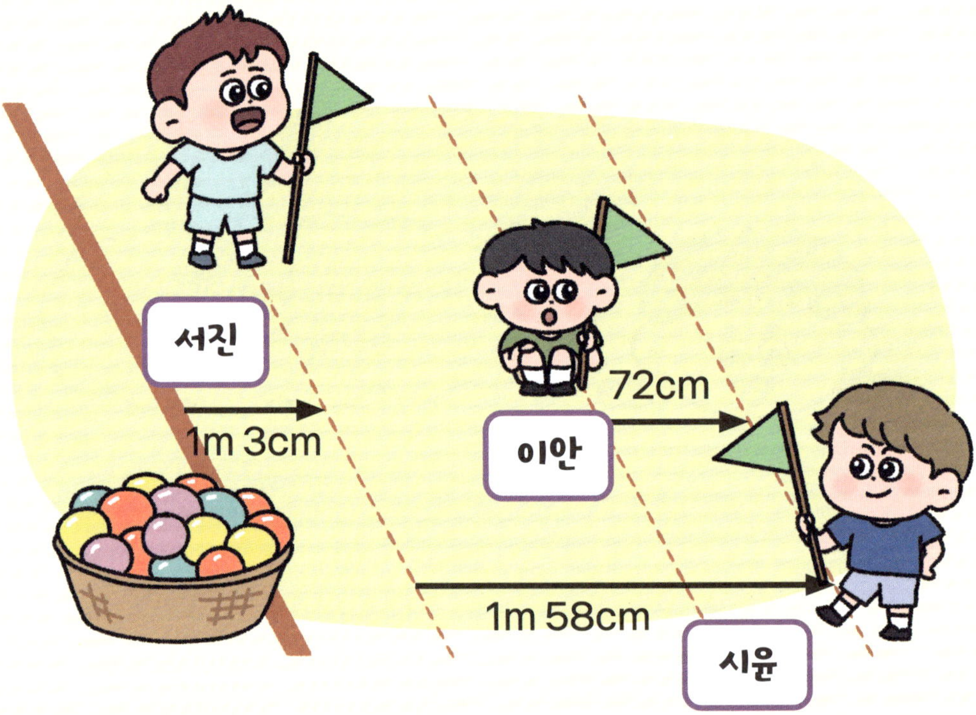

서진
1m 3cm

72cm
이안

1m 58cm
시윤

서진		cm
이안		cm
시윤		cm

24

❷

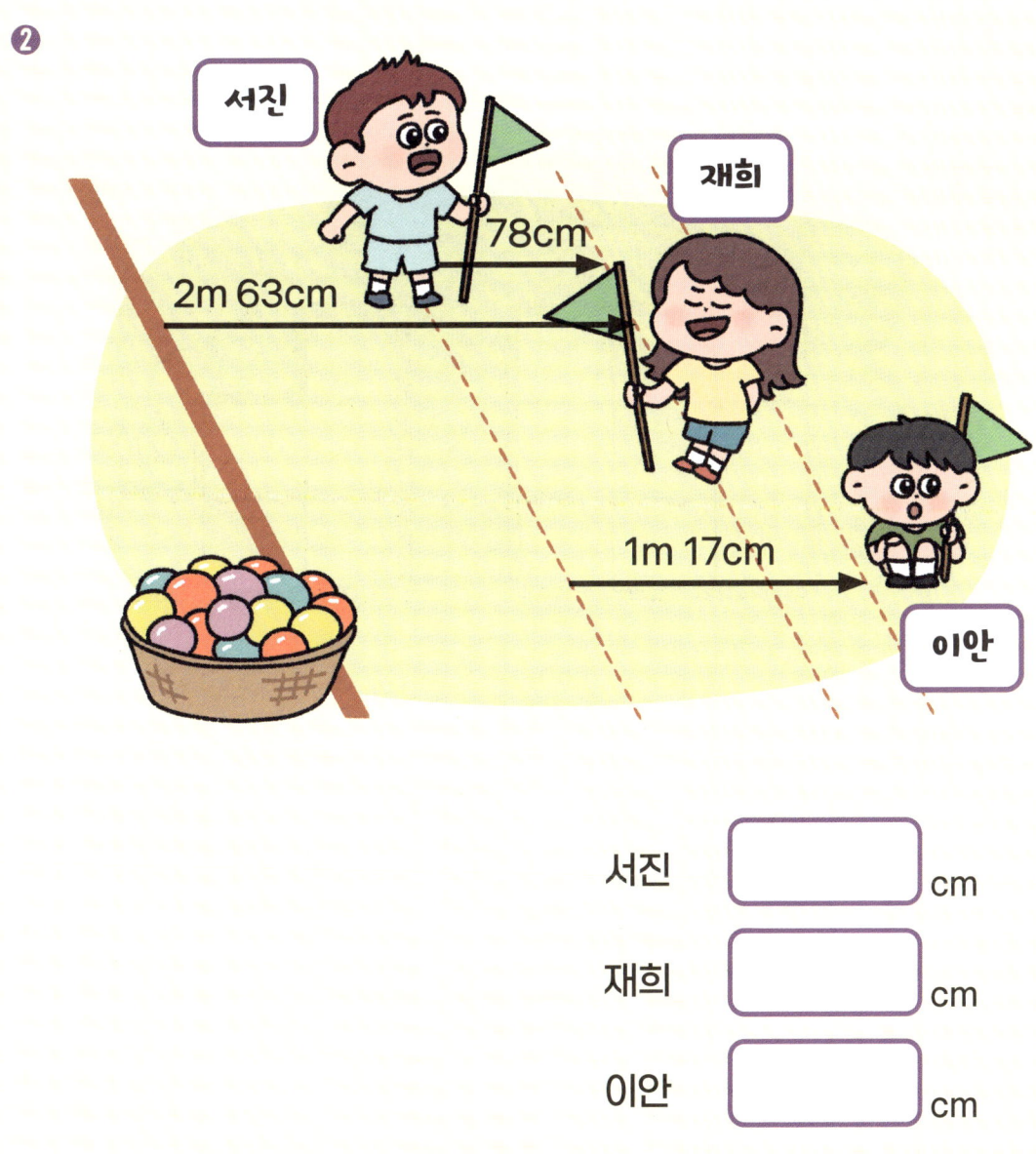

서진 [　　　　　] cm

재희 [　　　　　] cm

이안 [　　　　　] cm

생각이 자라는 STEP **1**

② 넓고 좁고
넓이를 살펴요

1 다람쥐 3마리가 [보기]와 같이 땅 위에 자기 집을 짓고, 집 테두리에 울타리를 쳤습니다.

보기

26

❶ 땅 한 칸의 길이가 1cm일 때, 울타리를 친 길이는 몇 cm인지 구하세요.

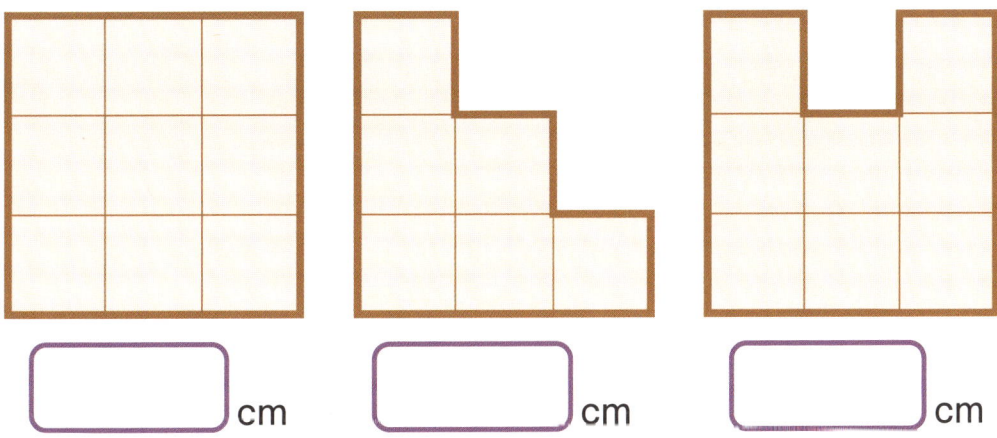

cm   cm   cm

❷ 땅 한 칸의 넓이를 1이라 할 때, 다람쥐 3마리가 울타리를 친 땅의 넓이는 얼마인지 구하세요.

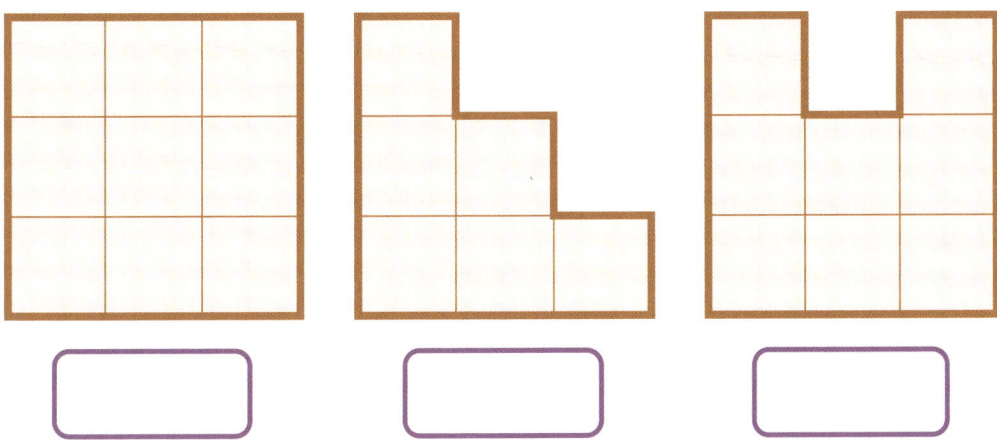

27

얼마나 넓고 좁은지 알아요 ●————

1 모눈 한 칸 ☐ 의 넓이를 1이라 할 때, 색칠한 모양의 넓이는 얼마인지 구하세요.

❶
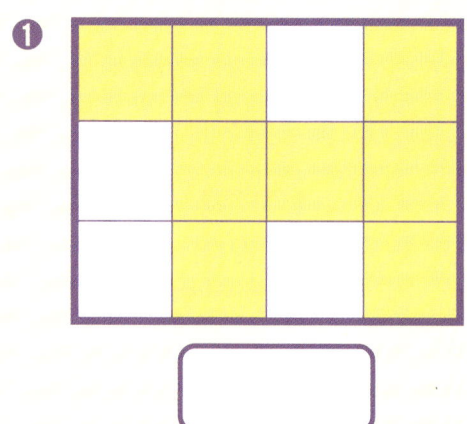

❷
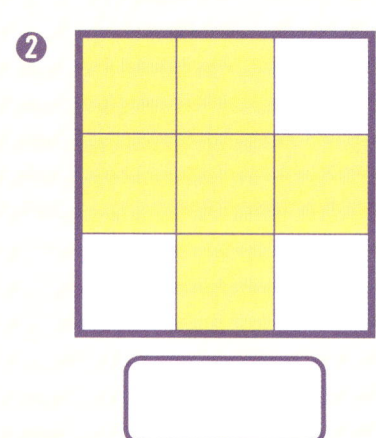

2 모눈 한 칸 ☐ 의 넓이를 1이라 할 때, 색칠한 삼각형의 넓이는 얼마인지 구하세요.

❶
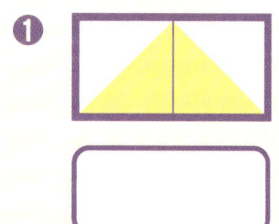

❷
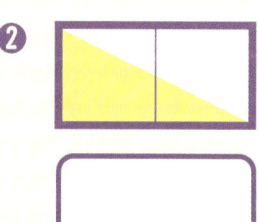

❸

3 모눈 한 칸 ☐ 의 넓이를 1이라 할 때, 색칠한 모양의 넓이는 얼마인지 구하세요.

❶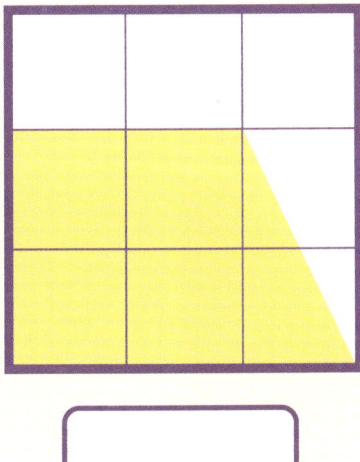

❷

❸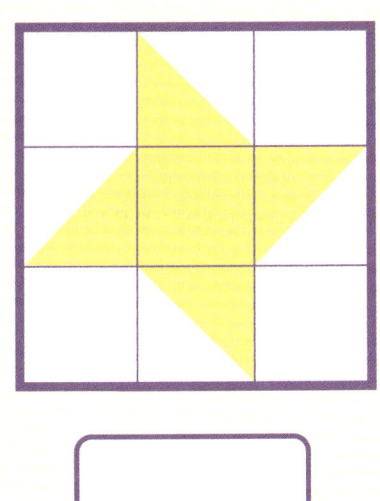

❹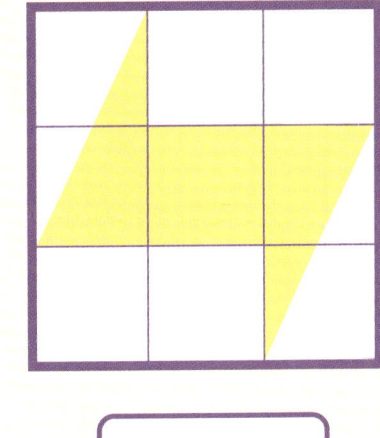

4 두 사람이 색종이로 만든 작품을 보고 색종이를 더 많이 이용한 사람을 찾아 ○표 해 보세요.

❶

바람을 좋아하는 돛단배

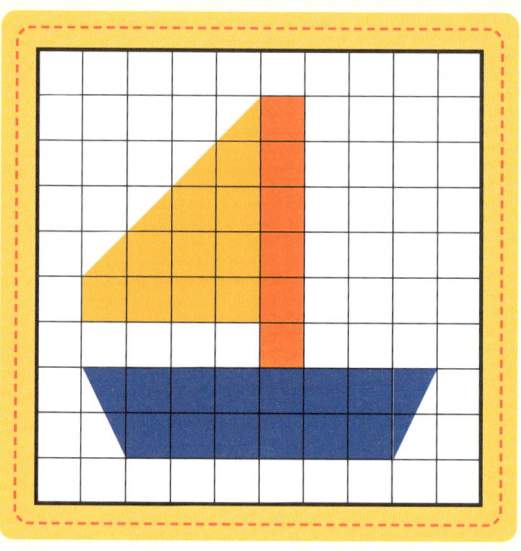

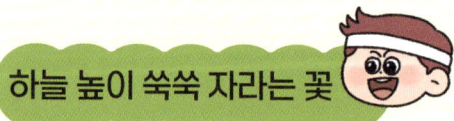

하늘 높이 쑥쑥 자라는 꽃

②  꿈을 품은 희망 나무

 뾰족 뾰족 가시가 달린 연

창의력이 샘솟는

STEP

3 같은 넓이의 다른 모양을 찾아요 •

1 다음 도형과 넓이가 같고 모양이 다른 도형을 5개 그리세요.

❶

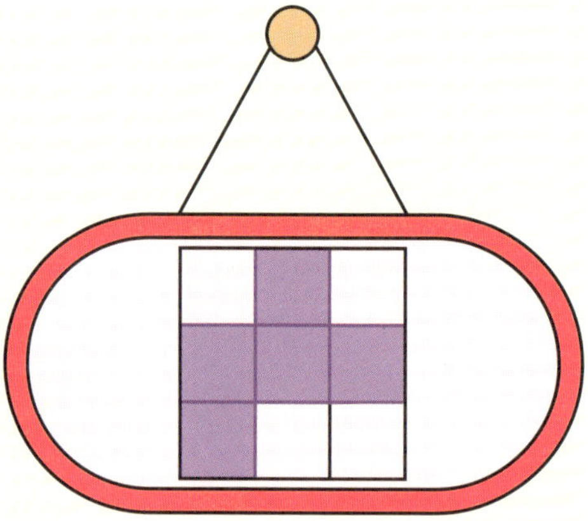

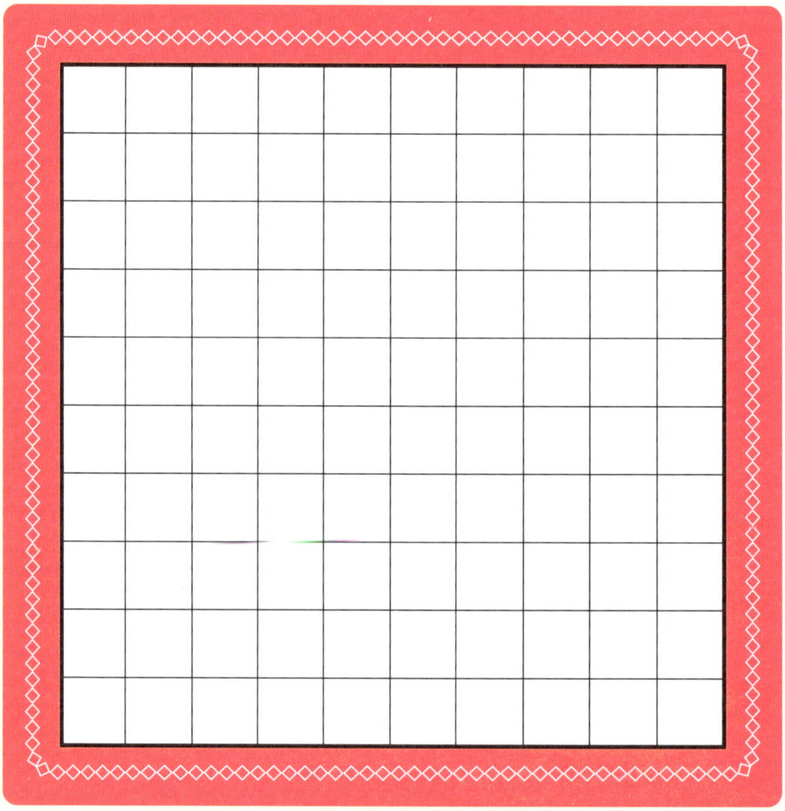

❷

33

STEP
1
생각이 자라는

❸ 무겁고 가볍고

누가 더 무거울까?

1 저울을 이용해 동물들의 무게를 비교했습니다. 무거운 동물부터 순서대로 빈칸에 1, 2, 3을 써 보세요.

❶

34

❷

❸

응용력이 커지는

STEP 2

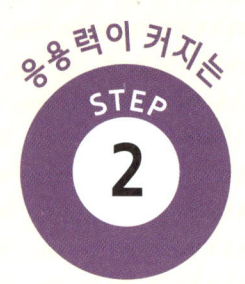

몇 개만큼 무거울까?

1 저울이 수평이 되도록 오른쪽 접시에 놓아야 할 과일의 개수를 빈칸에 써 보세요.

❶

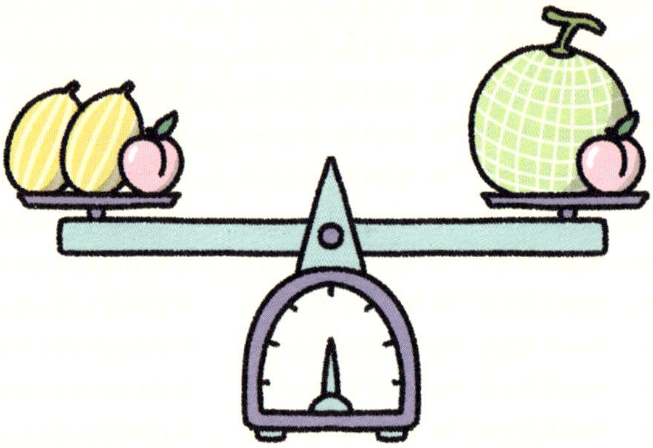

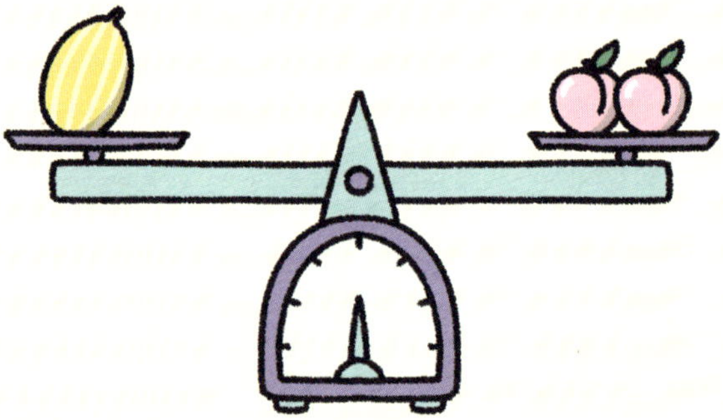

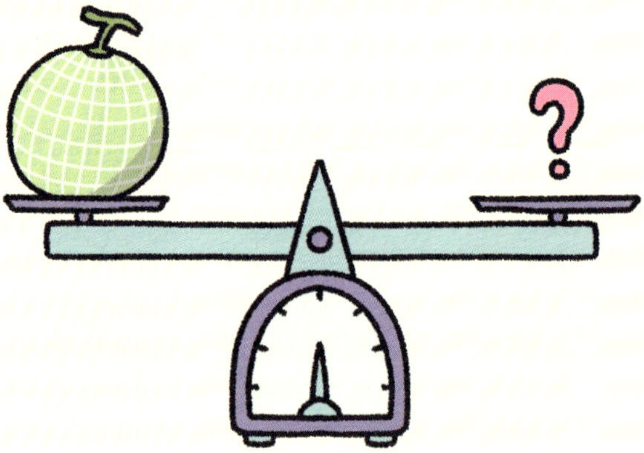

복숭아 [　] 개

❷

레몬 ☐ 개

❸

귤 [   ] 개

❹

자두 ⬚ 개

창의력이 샘솟는 STEP 3

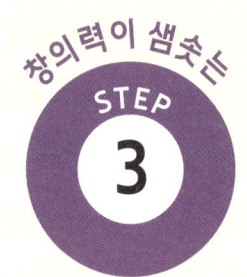

여러 물건의 무게를 함께 비교해요

1 다음 1kg, 3kg, 4kg짜리 추 1개씩과 저울을 이용해 쌀의 무게를 잰 결과입니다. [보기]와 같이 빈칸에 알맞은 수를 써 보세요.

보기

▶ 쌀 1kg 재기

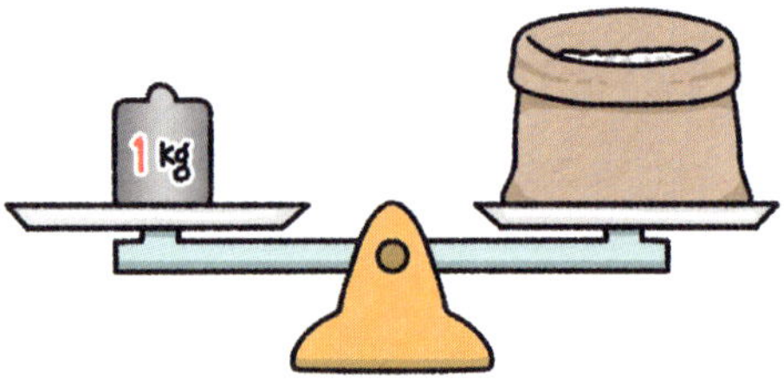

1 kg

▶ 쌀 2kg 재기

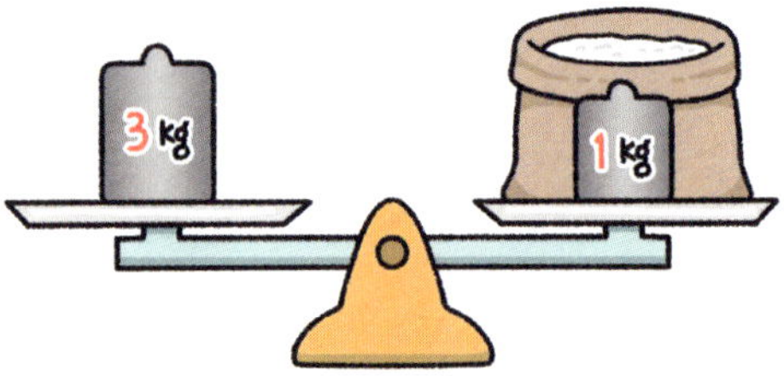

3 kg 1 kg

❶ 쌀 3kg 재기

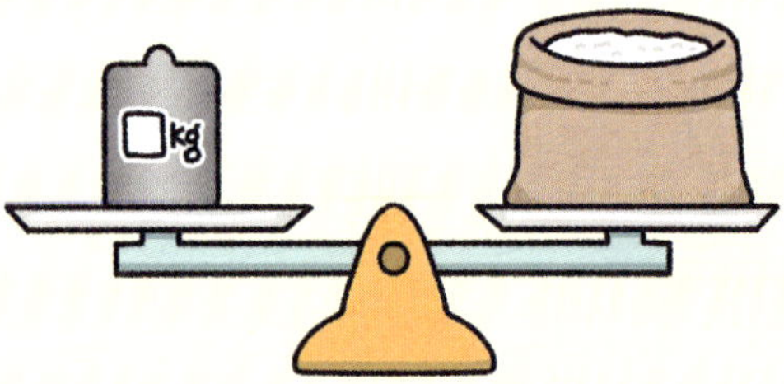

☐ kg

❷ 쌀 4kg 재기

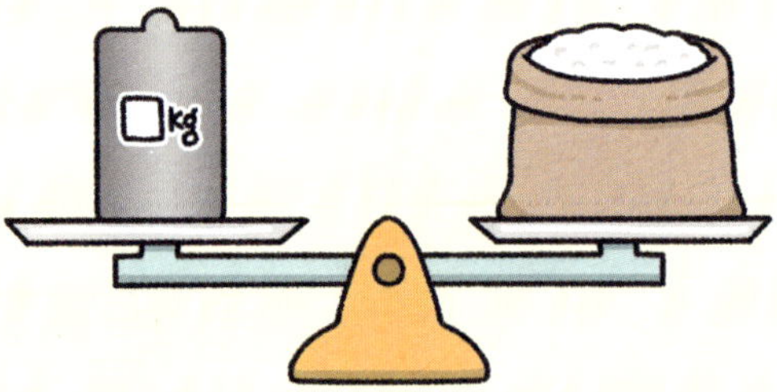

☐ kg

❸ 쌀 5kg 재기

| | kg | | kg |

❹ 쌀 6kg 재기

| | kg | | kg | | kg |

❺ 쌀 7kg 재기

| | kg | | kg |

❻ 쌀 8kg 재기

| | kg | | kg | | kg |

41

④ 시간과 시각을 알아요
시계를 읽어요 •

1 시계가 나타내는 시각을 여러 가지 방법으로 표현할 수 있습니다. 같은 시각을 나타내는 것끼리 짝을 지어 ☐ 안에 번호를 써 보세요.

시계는 시를 나타내는 짧은 바늘 시침이 있고

분을 나타내는 긴 바늘 분침이 있어.

시각을 다양하게 표현할 수 있어.

3시55분

3:55

4시5분 전

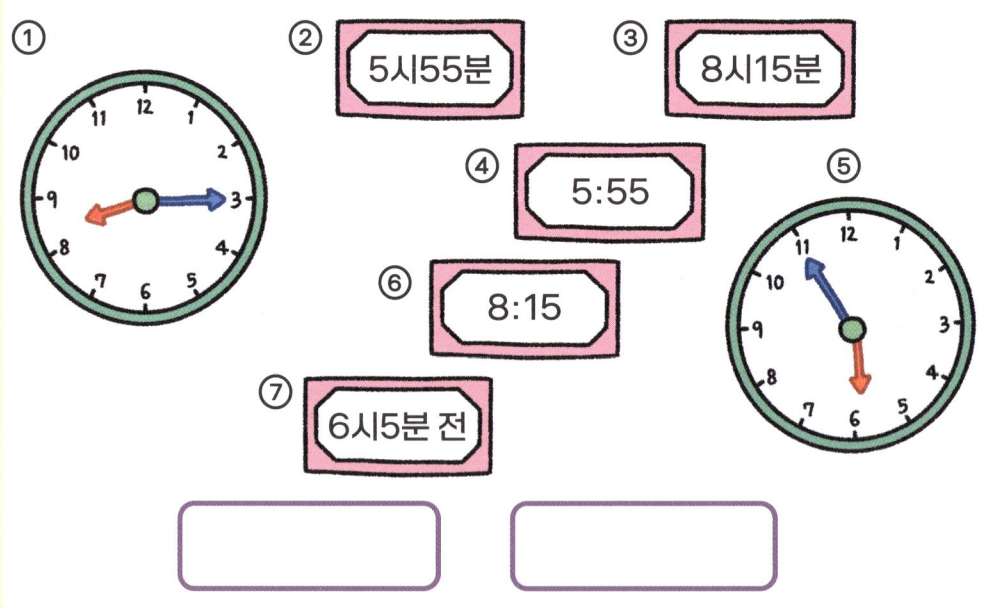

①
② 5시55분
③ 8시15분
④ 5:55
⑤
⑥ 8:15
⑦ 6시5분 전

2   [보기]에서 시각을 나타내는 것을 골라 빈칸에 번호를 써 보세요.

보기

① ② ③ ④ ⑤ ⑥

2시 15분   6:25   8시 5분

8시 15분 전

7:30

4시 35분

3 밤 12시부터 낮 12시까지의 시간을 오전이라 하고, 낮 12시부터 밤 12시까지의 시간을 오후라고 합니다. 상황에 어울리는 말을 찾아 써 보세요.

오전

오후

우리 식구들은 아침을 먹기 전 매일 [ ] 7시에 달리기를 해요.

지호와 친구들은 [ ] 3시에 놀이터에서 놀아요.

[ ] 9시가 되니 빌딩의 조명이 화려해요.

[ ] 5시에 아침 해가 떠오르고 있어요.

44

4 낮 12시는 정오, 밤 12시는 자정이라고도 합니다. 상황에 어울리는 말을 찾아 써 보세요.

정오   자정

매년 12월 31일 [   ]에 새해를 맞이하며 보신각에서 종을 치는 행사를 해요.

서원이네 학교는 매일 [   ]에 점심을 먹어요.

응용력이 커지는

STEP 2

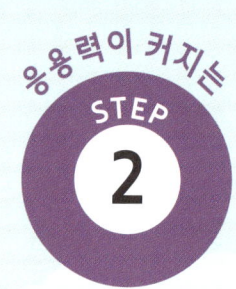

시간과 시각을 구별해요

1 지원이네 가족이 여름 휴가를 떠났습니다. 지원이네 가족의 휴가 이야기를 보고 빈칸에 '시각'과 '시간'을 구분하여 써 보세요.

① 토요일 아침 지원이네 가족이 여행을 떠나기로 약속한 ☐ 은 8시입니다.

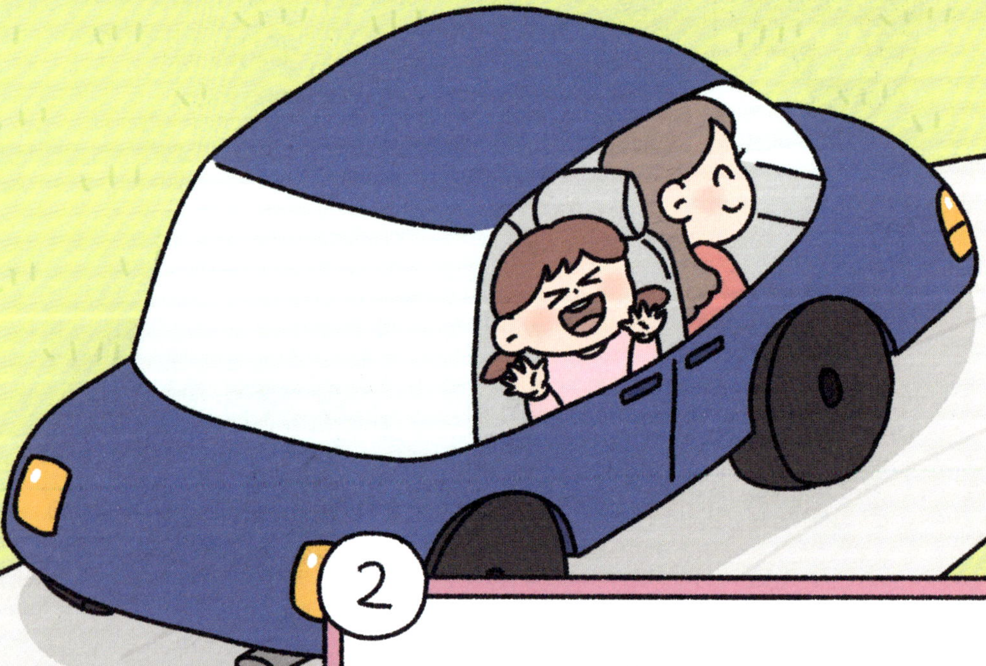

② 지원이네 가족이 휴가 장소에 도착하는 데 걸린 ☐ 은 1시간입니다.

③ 지원이네 가족이 호수에서 오리 보트를 타는 데 걸린 ☐ 은 40분입니다.

④ 지원이가 아빠와 낚시를 하러 가기로 한 ☐ 은 10시입니다.

응용력이 커지는 STEP 2

2 시우의 방학 생활 계획표를 보고 빈칸에 알맞은 말 또는 수를 써 보세요.

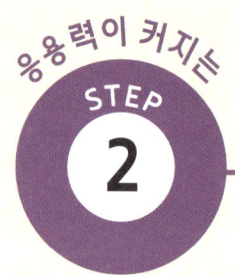

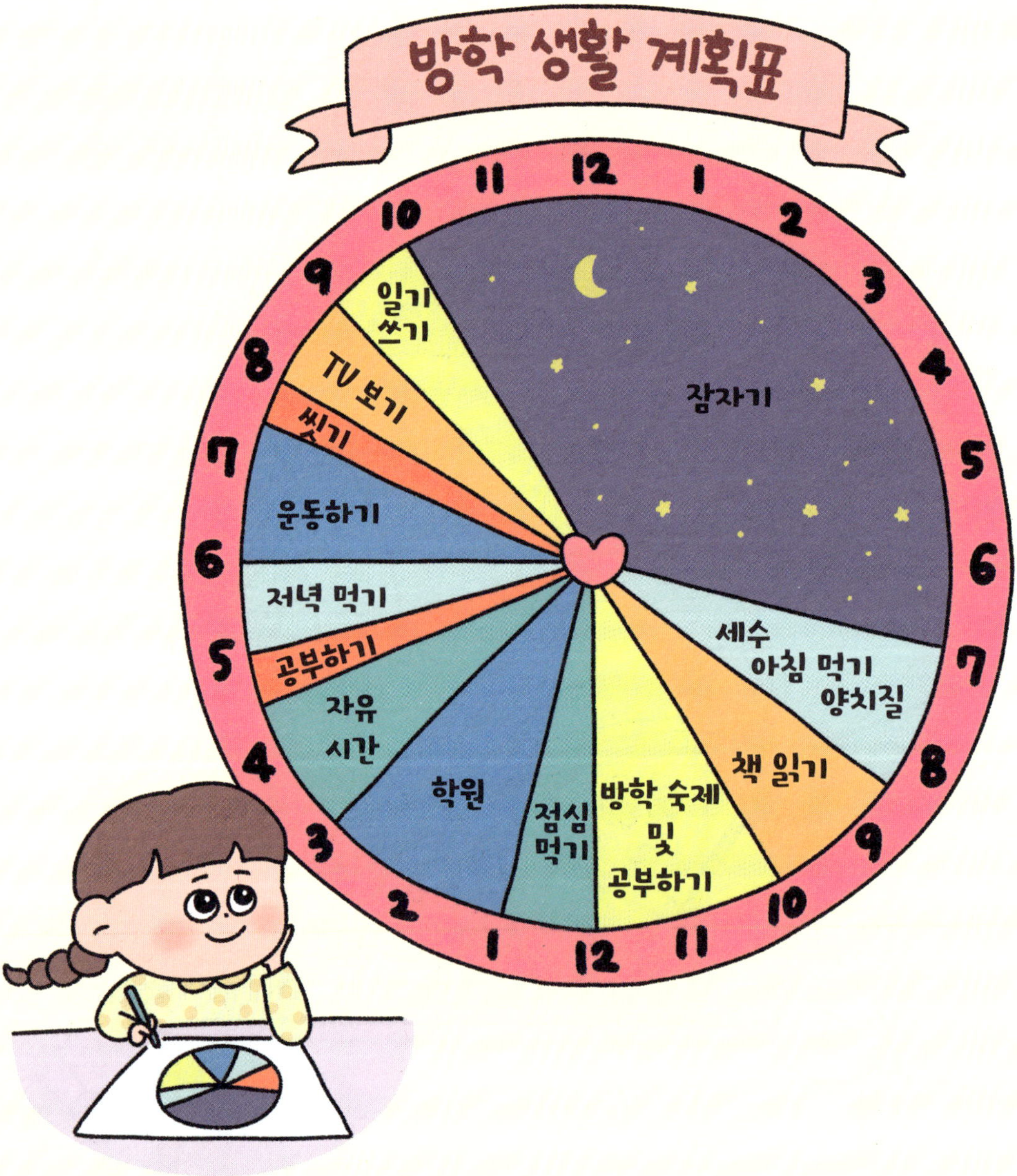

방학 생활 계획표
12
1
2
3
4
5
6
7
8
9
10
11
12
1
2
3
4
5
6
7
8
9
10
11
잠자기
세수
아침 먹기
양치질
책 읽기
방학 숙제
및
공부하기
점심
먹기
학원
자유
시간
공부하기
저녁 먹기
운동하기
씻기
TV 보기
일기
쓰기

잠자기를 제외하고
시우가 오후에 하는 활동은
□ 가지 입니다.

시우는
오후 6시부터
오후 7시 30분까지
□ 분 동안
운동을 합니다.

시우는
□ 10시부터
□ 7시까지
잠을 잡니다.

시우가 책 읽기를 마치는
□ 은 오전 10시입니다.

3 지호는 오전 8시에 일어나 15분 뒤에 아침 식사를 했습니다. 아침 식사를 시작한 시각을 시계에 그리세요.

4 은우는 오후 3시 10분부터 45분 동안 동화책을 읽었습니다. 동화책을 다 읽은 시각을 시계에 그리세요.

5 지금은 오후 5시입니다. 연우는 40분 전에 숙제를 끝냈습니다. 연우가 숙제를 끝낸 시각을 시계에 그리세요.

6 형은 오후 7시 30분에 집에 왔습니다. 징원이는 형이 오기 50분 전에 저녁을 다 먹었습니다. 정원이가 저녁 식사를 마친 시각을 시계에 그리세요.

시각을 읽고 시간을 계산해요 ●━━━

1 시우와 은우가 함께 영화를 보기로 했습니다. 다음 물음에 답하세요.

❶ 시우와 은우는 영화관에서 오전 11시 20분에 만나기로 약속했습니다. 시우는 약속 시각보다 15분 먼저 도착했고, 은우는 약속 시각보다 20분 늦게 도착했다면 시우가 은우를 기다린 시간은 얼마인지 구하세요.

분

❷ 시우와 은우가 보려고 하는 영화의 시간표입니다. 영화가 시작해서 끝날 때까지 걸린 시간은 얼마인지 구하세요.

회차	영화 시작	영화 종료
1	오전 9:00	오전 11:10
2	오전 11:30	오후 1:40
3	오후 2:00	오후 4:10
4	오후 4:30	오후 6:40

 시간  분

❸ 시우와 은우는 3회차 영화표를 샀습니다. 표를 사고 1시간 50분 뒤에 영화를 보기 시작했습니다. 표를 구입한 시각은 오후 몇 시 몇 분인지 구하세요.

오후   시   분

2   지우네 가족이 수족관에 갔습니다. 다음 물음에 답하세요.

❶   지우네 가족이 수족관에 도착한 시각은 오전 11시 50분입니다. 가장 빨리
입장할 수 있는 시각까지 기다려야 하는 시간은 얼마일까요?

수족관 입장시간표

입장시간안내

오전	오후
10:30	1:30
11:30	2:30
	3:30

☐ 시간 ☐ 분

❷ 돌고래 쇼는 40분 동안 공연을 하고 40분 동안 쉽니다. 빈칸에 알맞은 시각을 써넣어 시간표를 완성해 보세요.

돌고래 쇼 공연 시간표

회차	시작 시각	끝나는 시각
1	11 : 30	12 : 10
2		
3		
4		

❸ 지우네 가족이 공연장에 도착한 시각은 오후 2시 35분입니다. 가장 빨리 관람할 수 있는 공연 시작 시각까지 기다려야 하는 시간은 얼마인지 구하세요.

分

⑤ 달력을 읽어요

달력을 읽을 수 있어요 ●━━━━━━━

1 서원이의 생일은 9월 20일입니다. 서원이가 태어난 해의 9월 1일은 금요일이었습니다. 다음 물음에 답하세요.

❶ 서원이가 태어난 해의 9월 달력을 완성해 보세요.

9월 September

일	월	화	수	목	금	토

❷ 일주일은 며칠인지 써 보세요.

 일

❸ 9월의 날수는 며칠인지 써 보세요.

 일

❹ 9월의 마지막 날은 무슨 요일인지 써 보세요.

요일

❺ 서원이의 생일은 무슨 요일인지 써 보세요.

 요일

년과 월과 일을 알아요

1 어느 해의 달력입니다. 다음 물음에 답하세요.

1월 January

일	월	화	수	목	금	토
				1	2	3	4
5	6	7	8	9	10	11
12	13	14	15	16	17	18
19	20	21	22	23	24	25
26	27	28	29	30	31	

2월 February

일	월	화	수	목	금	토
						1
2	3	4	5	6	7	8
9	10	11	12	13	14	15
16	17	18	19	20	21	22
23	24	25	26	27	28	

3월 March

일	월	화	수	목	금	토
						1
2	3	4	5	6	7	8
9	10	11	12	13	14	15
16	17	18	19	20	21	22
23	24	25	26	27	28	29
30	31					

4월 April

일	월	화	수	목	금	토
		1	2	3	4	5
6	7	8	9	10	11	12
13	14	15	16	17	18	19
20	21	22	23	24	25	26
27	28	29	30			

5월 May

일	월	화	수	목	금	토
				1	2	3
4	5	6	7	8	9	10
11	12	13	14	15	16	17
18	19	20	21	22	23	24
25	26	27	28	29	30	31

6월 June

일	월	화	수	목	금	토
1	2	3	4	5	6	7
8	9	10	11	12	13	14
15	16	17	18	19	20	21
22	23	24	25	26	27	28
29	30					

7월 July

일	월	화	수	목	금	토
		1	2	3	4	5
6	7	8	9	10	11	12
13	14	15	16	17	18	19
20	21	22	23	24	25	26
27	28	29	30	31		

8월 August

일	월	화	수	목	금	토
					1	2
3	4	5	6	7	8	9
10	11	12	13	14	15	16
17	18	19	20	21	22	23
24	25	26	27	28	29	30
31						

9월 September

일	월	화	수	목	금	토
	1	2	3	4	5	6
7	8	9	10	11	12	13
14	15	16	17	18	19	20
21	22	23	24	25	26	27
28	29	30				

10월 October

일	월	화	수	목	금	토
			1	2	3	4
5	6	7	8	9	10	11
12	13	14	15	16	17	18
19	20	21	22	23	24	25
26	27	28	29	30	31	

11월 November

일	월	화	수	목	금	토
						1
2	3	4	5	6	7	8
9	10	11	12	13	14	15
16	17	18	19	20	21	22
23	24	25	26	27	28	29
30						

12월 December

일	월	화	수	목	금	토
	1	2	3	4	5	6
7	8	9	10	11	12	13
14	15	16	17	18	19	20
21	22	23	24	25	26	27
28	29	30	31			

❶ 1년은 몇 월부터 몇 월까지 있는지 써 보세요.

[　　　　] 월 부터 [　　　　] 월 까지

❷ 1년은 모두 몇 개월인지 써 보세요.

[　　　　] 개월

❸ 각 월은 며칠인지 표에 써 보세요.

1월	2월	3월	4월	5월	6월
일	일	일	일	일	일
7월	8월	9월	10월	11월	12월
일	일	일	일	일	일

손을 이용하여 각 달의 날수를 알아내는 방법

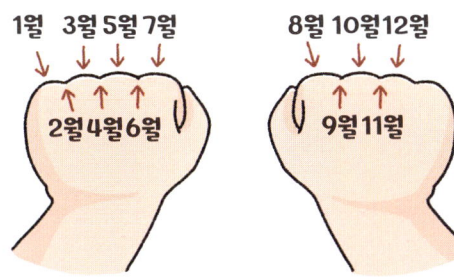

1월 3월 5월 7월   8월 10월 12월
2월 4월 6월   9월 11월

▶ 볼록한 부분은 한 달이 31일
▶ 오목한 부분은 한 달이 30일
▶ 2월은 오목한 부분이지만, 예외적으로 한 달이 28일 또는 29일입니다.

59

2 달력을 보고 다음 물음에 답하세요. 단, 오늘을 기준으로 내일부터 날짜를 세었습니다.

❶

성연이는 다음 달 7일에 있을 축구 대회 연습 중입니다. 오늘이 4월 15일 일 때, 앞으로 대회까지는 몇 주 며칠이 남았을까요?

☐ 주 ☐ 일

❷

도연이는
지난 5월 21일에 있었던
생일 파티에서 곰 인형을
선물 받았습니다. 생일 파티가
끝난지 벌써 2주 3일이 지났다면
오늘은 몇 월 며칠일까요?

 월 일

❸

정원이는 지난 주
수요일부터 수학 동화책을
읽기 시작해서 총 8일 동안
모두 읽었습니다. 지난 주 수요일이
6월 18일이라면
오늘은 며칠일까요?

 월 일

달력을 보며 날짜를 계산해요 •————

1 이수가 다니고 있는 초등학교의 2학기 방과 후 수업 프로그램입니다. 아래 달력을 보고 물음에 답하세요.

월	화	수	목	금	토	일
1	2	3	4	5	6	7
8	9	10	11	12	13	14
15	16	17	18	19	20	21
22	23	24	25	26	27	28
29	30					

월	화	수	목	금	토	일
		1	2	3	4	5
6	7	8	9	10	11	12
13	14	15	16	17	18	19
20	21	22	23	24	25	26
27	28	29	30	31		

월	화	수	목	금	토	일
					1	2
3	4	5	6	7	8	9
10	11	12	13	14	15	16
17	18	19	20	21	22	23
24	25	26	27	28	29	30

프로그램	시작하는 날	수업 요일	횟수
음악 줄넘기	9월 2일	매주 화, 목요일	12회
체스	9월 10일	매월 둘째, 넷째 수요일	6회
사물놀이	9월 20일	매주 토요일	10회
바이올린	10월 6일	매주 월요일	8회

❶ 9월에 음악 줄넘기를 하는 날은 모두 며칠인지 구하세요.

[   ] 일

❷ 10월에 체스를 하는 날의 날짜를 모두 써 보세요.

월   일,

월   일

❸ 이수가 방과 후 수업으로 사물놀이를 선택해서 9월 20일부터 수업을 들었습니다. 사물놀이 수업이 끝나는 날은 몇 월 며칠인지 써 보세요.

월   일

❹ 이수가 방과 후 수업으로 바이올린을 선택해서 10월 6일부터 수업을 들었습니다. 바이올린 수업이 끝나는 날은 몇 월 며칠인지 써 보세요.

월   일

2 다음은 고양이가 태어나서 자라는 성장 과정의 일부입니다. 오른쪽 내용을 보고 물음에 답하세요.

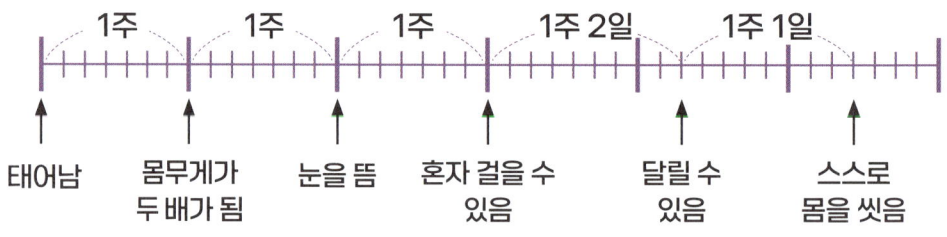

| 1주 | 1주 | 1주 | 1주 2일 | 1주 1일 |

태어남 · 몸무게가 두 배가 됨 · 눈을 뜸 · 혼자 걸을 수 있음 · 달릴 수 있음 · 스스로 몸을 씻음

❶ 고양이가 태어나 혼자 걸을 수 있기까지 얼마나 걸리는지 구하세요.

 주 　 일

❷ 고양이가 태어나서 스스로 몸을 씻을 수 있기까지 얼마나 걸리는지 구하세요.

 주 　 일

❸ 이수네 고양이가 7월 1일에 태어났다면, 스스로 달릴 수 있을 때는 몇 월 며칠인지 구하세요.

 월 　 일

❹ 이수네 고양이가 7월 1일에 태어났다면, 스스로 몸을 씻을 수 있는 때는 몇 월 며칠인지 구하세요.

 월 　 일

분류하고
정리해요

❶ 같고 다르고
무엇이 같고 무엇이 다를까? ●──

1 토토와 몽몽이가 그린 구슬의 공통점을 모두 찾아 번호를 써 보세요.

❶

① 분홍색이 있다.   ② 원이 모두 2개이다.
③ 파란색 원이 있다.   ④ 빨간색 원이 있다.
⑤ 검은색 원이 있다.   ⑥ 보라색이 있다.

❷

① 빨간색 원이 있다.　　　　② 초록색이 있다.
③ 파란색 하트가 있다.　　　④ 노란색 별이 있다.
⑤ 4가지 모양이 있다.　　　⑥ 파란색 삼각형이 있다.

어떤 점이 비슷할까?

1 공통점이 없는 카드 1장을 찾아 ○표 해 보세요.

❶

❷

2 공통점이 없는 카드 2장을 찾아 ○표 해 보세요.

3 다음 그림과 공통점이 있는 그림을 1개만 찾아 ○표 해 보세요.

①

❷

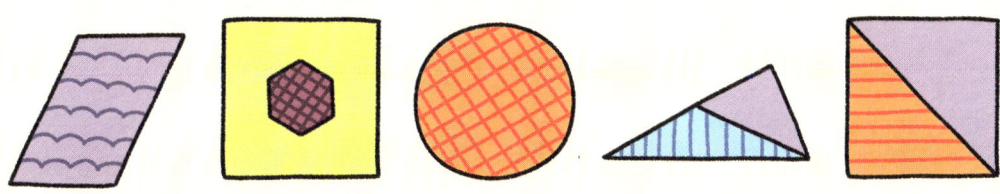

창의력이 샘솟는

STEP 3

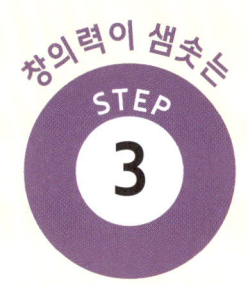

비슷한 것끼리 묶어요

1 조각 천을 모아 이불을 만들려고 합니다. 조각 천을 보고 빈칸을 채워 공통점이 있는 조각끼리 모으세요.

①
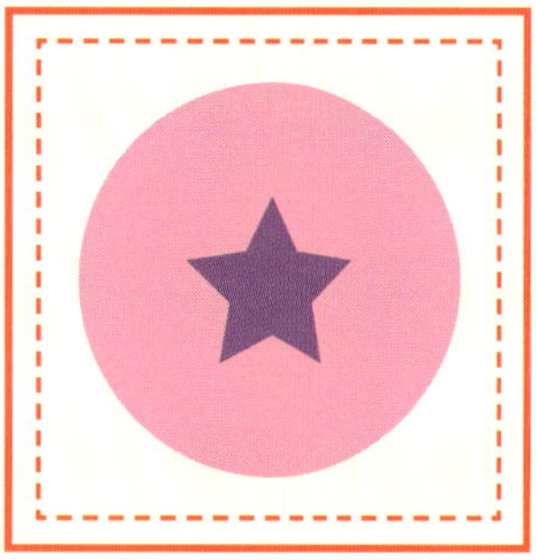

②
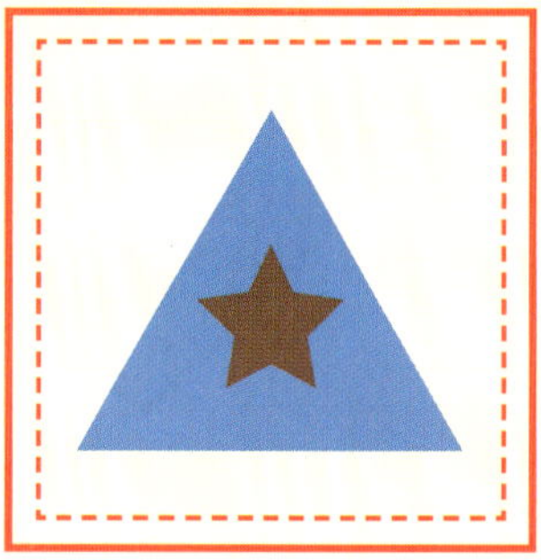

③
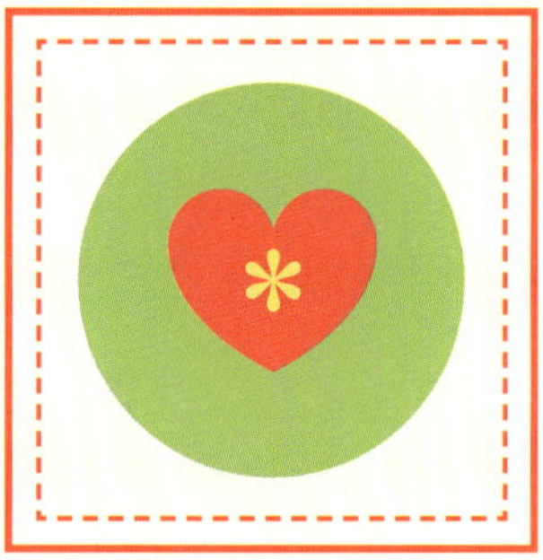

④
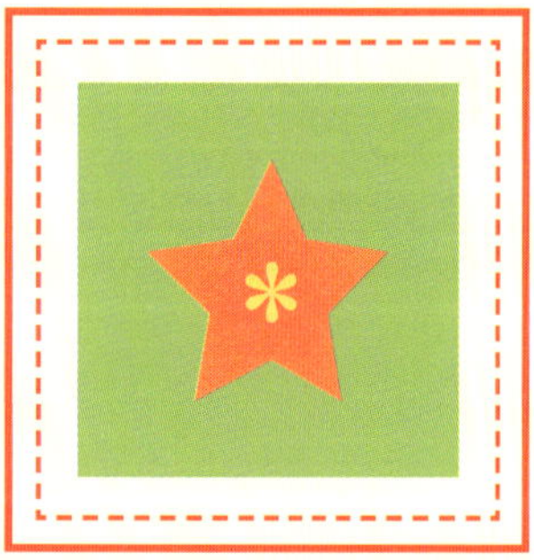

⑤
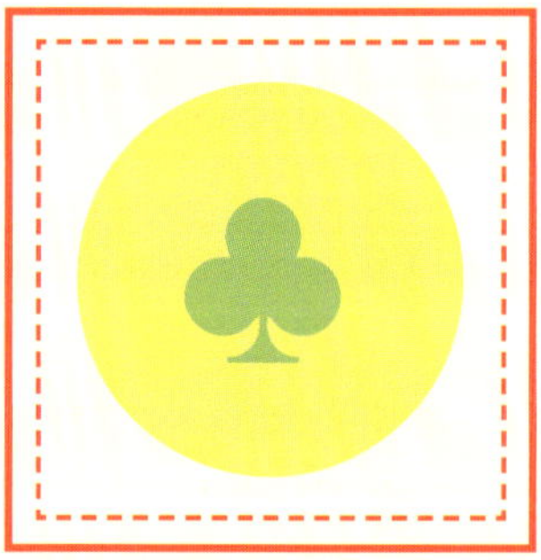

⑥
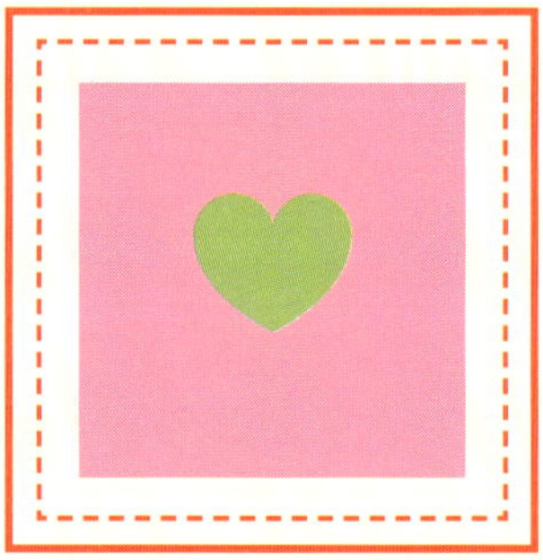

⑦
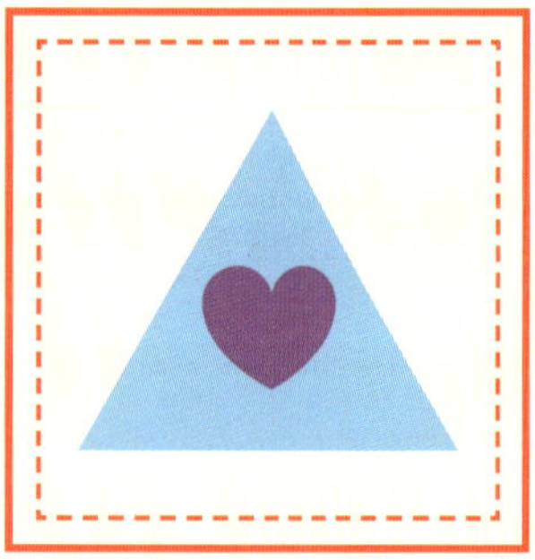

⑧
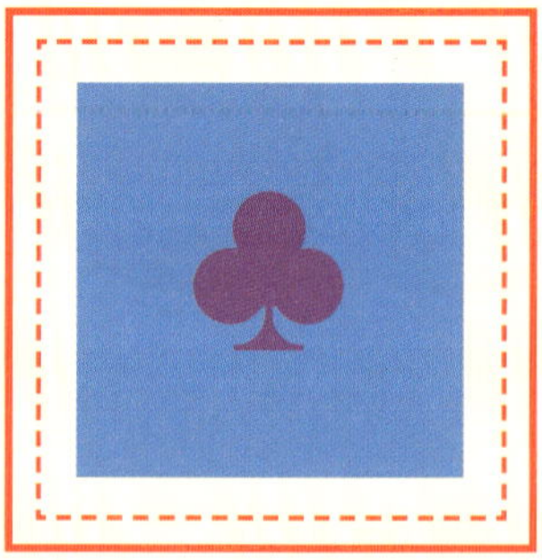

⑨
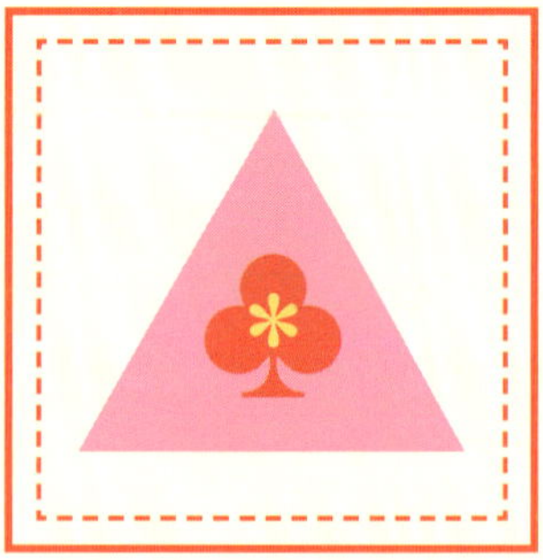

공통점	이불 조각의 번호
원	①, ③, ⑤
삼각형	
	④, ⑥, ⑧
별 모양	
	③, ⑥, ⑦
클로버 모양	
	③, ④, ⑨
분홍색	
	①, ⑦, ⑧
연두색	

창의력이 샘솟는 STEP 3

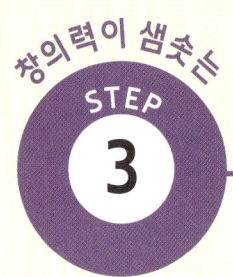

2 가로, 세로, 대각선으로 3개의 조각을 공통점이 있도록 놓으려고 합니다. 공통점이 없는 줄을 하나 찾아 선을 그어 보세요.

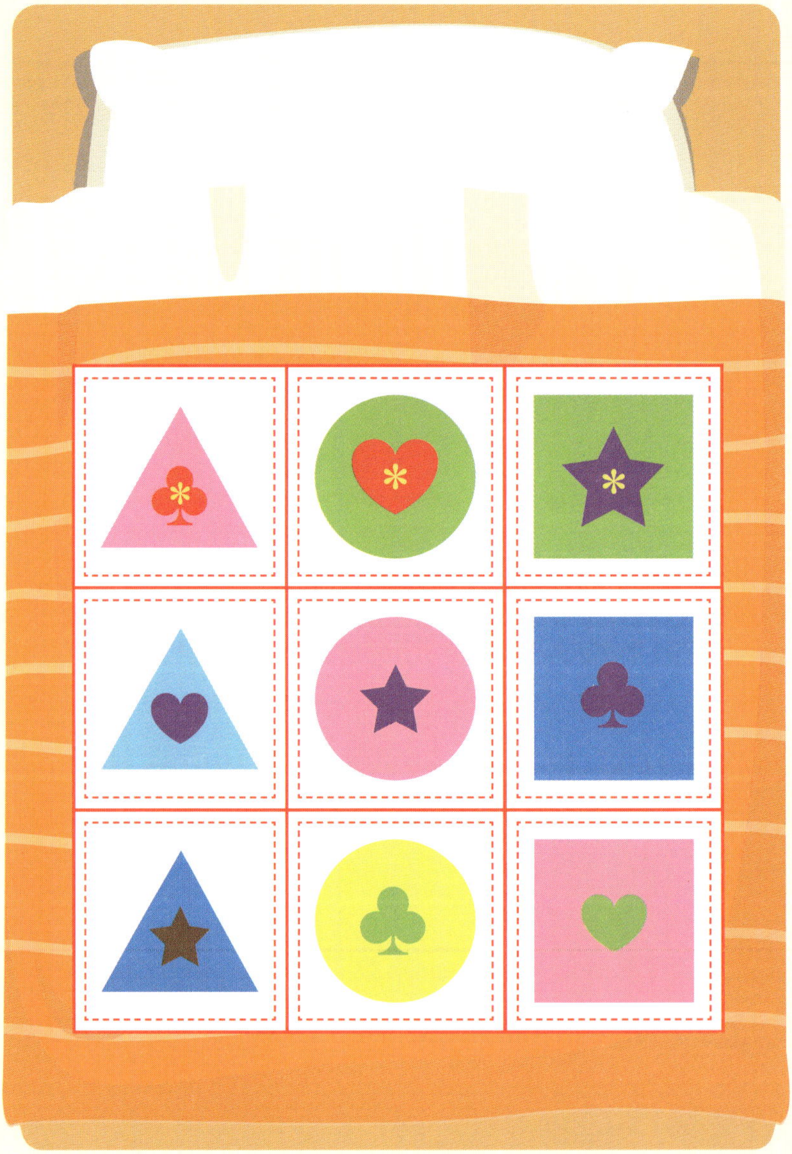

3 가로, 세로, 대각선 모두 공통점이 있도록 다음 조각이 들어갈 위치를 찾아 빈칸에 번호를 써 보세요.

❷ 기준을 살펴요
기준에 따라 옷을 분류해요

1 우산 가게에서 우산을 팔고 있습니다. 다음 우산은 어느 칸에 정리할지 빈 칸에 번호를 써 보세요.

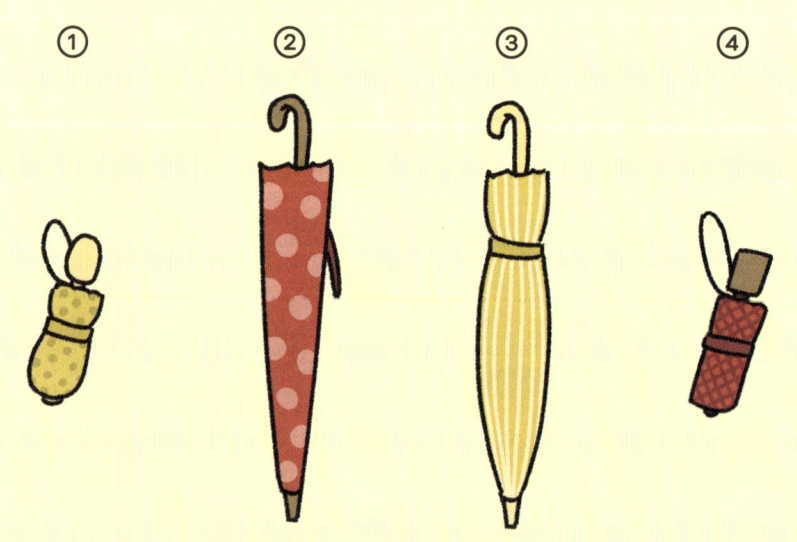

①   ②   ③   ④

2 옷장을 옷 종류별로 정리하려고 합니다. 옷이 어느 칸에 들어가야 할지 번호를 써 보세요.

기준에 따라 구슬을 분류해요

1 분홍색 상자와 파란색 상자에 있는 구슬을 비교해 구슬의 특징을 표에 써 보세요.

1

기준	분홍색 상자	파란색 상자
모양		
색깔		
줄무늬		

80

기준	분홍색 상자	파란색 상자
색깔		
모양의 개수		
점의 개수		

2 구슬 6개를 기준에 따라 두 개 또는 세 개의 상자에 나눠 담으려고 합니다. 빈칸에 알맞은 구슬의 번호를 써 보세요.

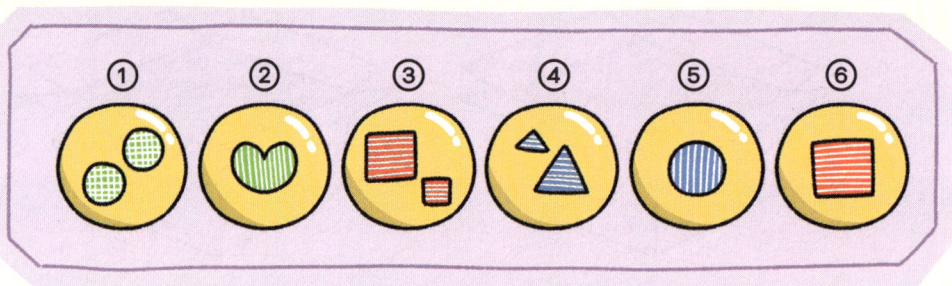

❶

기준 : 모양의 개수

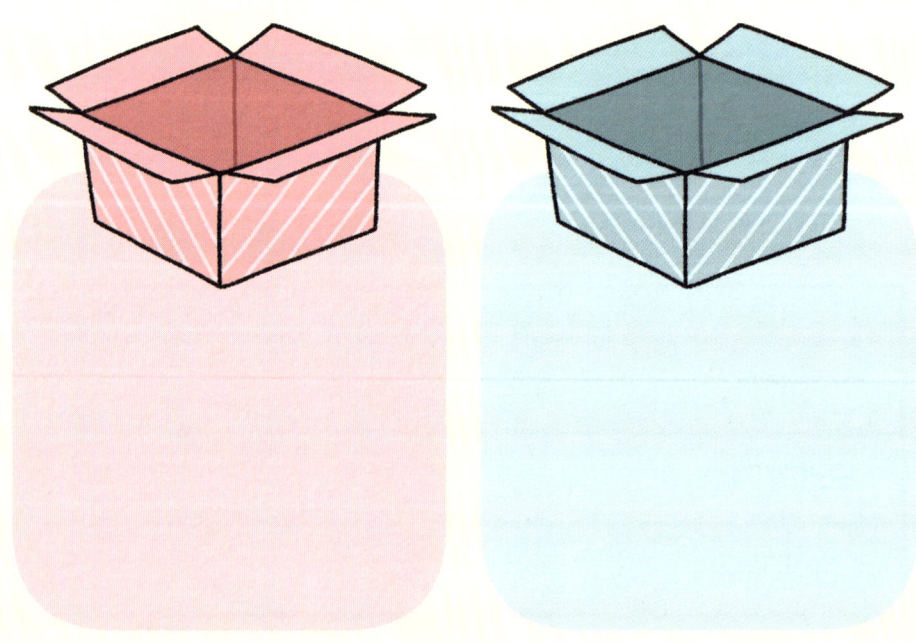

❷

기준 : 모양의 무늬

❸

기준 : 모양의 색깔

3 구슬 6개를 기준에 따라 두 개씩 상자에 나눠 담으려고 합니다. 구슬을 나눠 담은 기준을 찾아 ○표 해 보세요.

❶

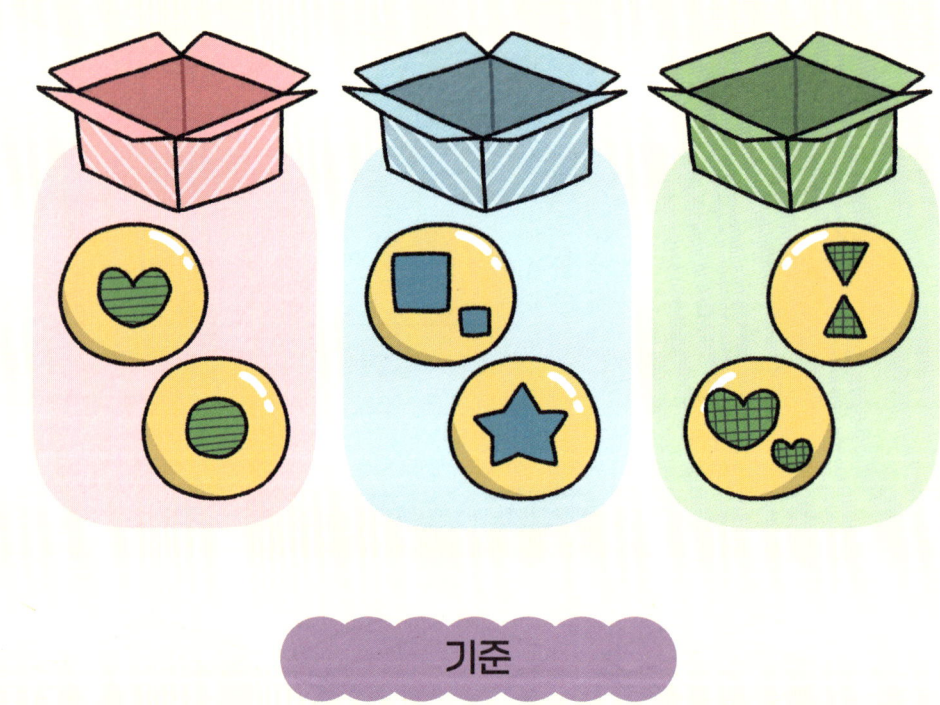

기준

| 모양의 색깔 | 모양의 무늬 | 모양의 개수 | 모양의 종류 |

❷

기준

모양의 색깔	모양의 종류	모양의 개수	모양의 무늬

기준에 따라 딱지를 분류해요

1 [보기]와 같이 공통점이 두 가지씩 있는 딱지를 둘씩 짝지으면 한 장의 딱지가 남습니다. 남는 딱지를 찾아 ○표 해 보세요.

보기

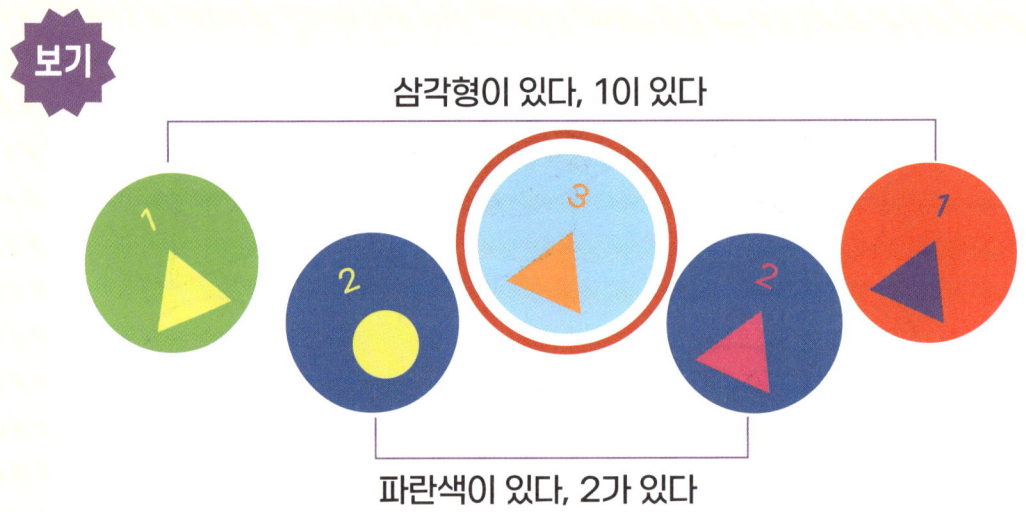

삼각형이 있다, 1이 있다

파란색이 있다, 2가 있다

❶

❷

❸

생각이 자라는 STEP 1

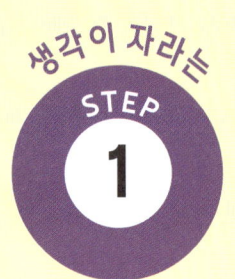

❸ 기준에 맞게 빈칸을 채워요

어떤 점이 닮았을까?

1 각국 국기 중에서 공통점이 있는 국기를 찾아, 기준에 맞게 알맞은 번호를 빈칸에 써 보세요.

❶

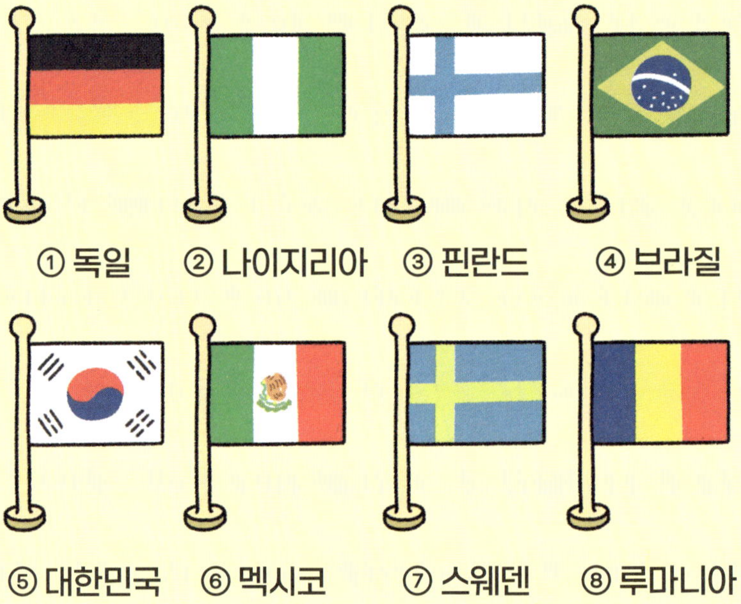
① 독일
② 나이지리아
③ 핀란드
④ 브라질
⑤ 대한민국
⑥ 멕시코
⑦ 스웨덴
⑧ 루마니아

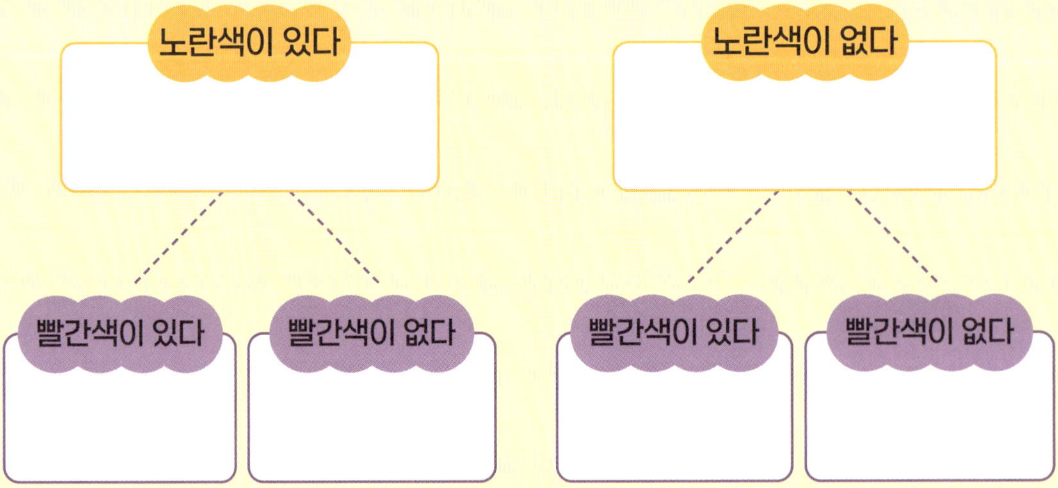
노란색이 있다
노란색이 없다
빨간색이 있다
빨간색이 없다
빨간색이 있다
빨간색이 없다

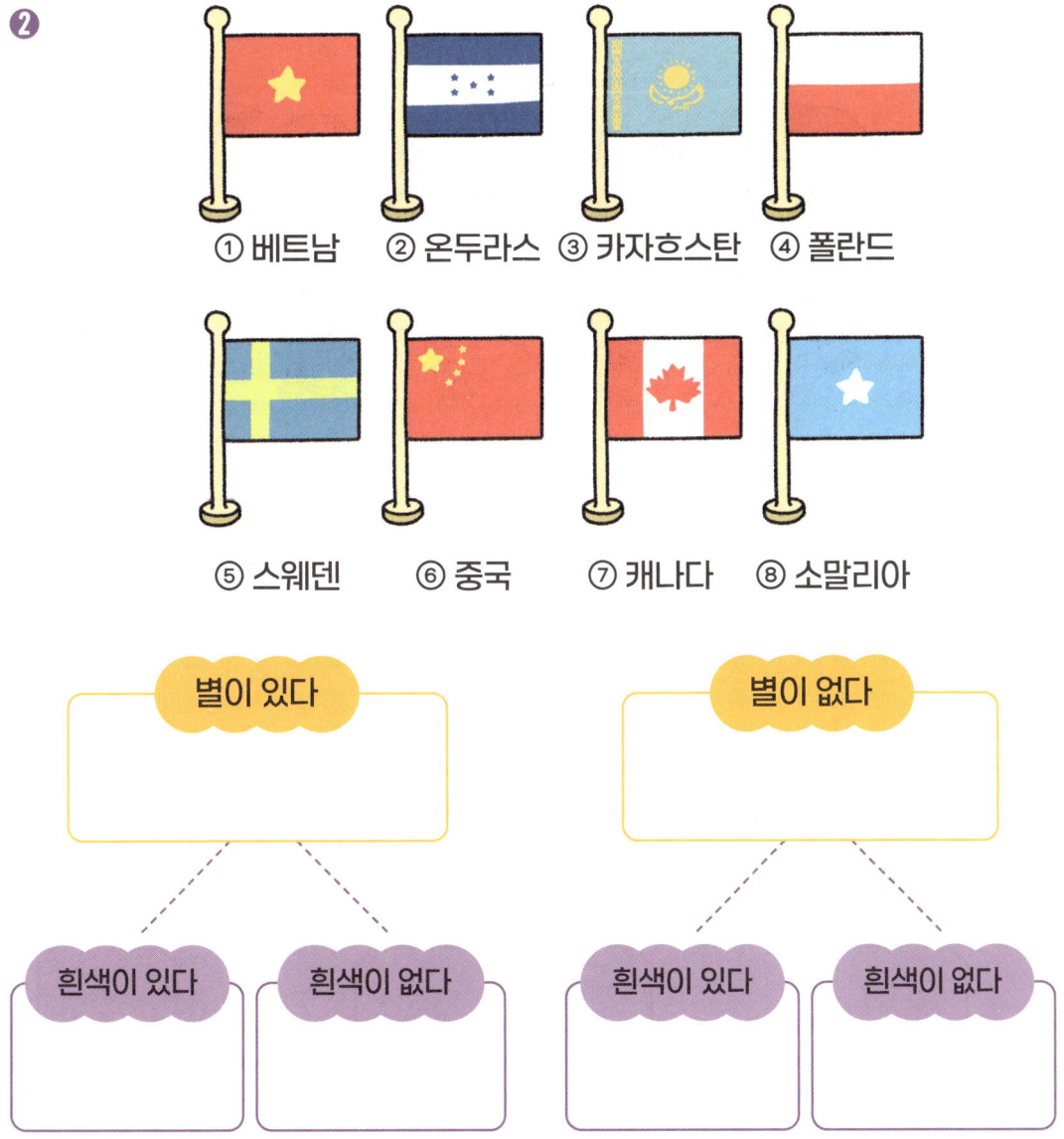

❷

① 베트남   ② 온두라스 ③ 카자흐스탄 ④ 폴란드

⑤ 스웨덴   ⑥ 중국   ⑦ 캐나다   ⑧ 소말리아

별이 있다

별이 없다

흰색이 있다   흰색이 없다

흰색이 있다   흰색이 없다

응용력이 커지는 STEP 2

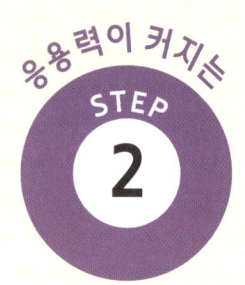

특징을 떠올려 분류해요

1 [보기]와 같이 올림픽에 참가한 선수들을 기준에 따라 나누어 빈칸에 알맞은 번호를 써 보세요.

보기

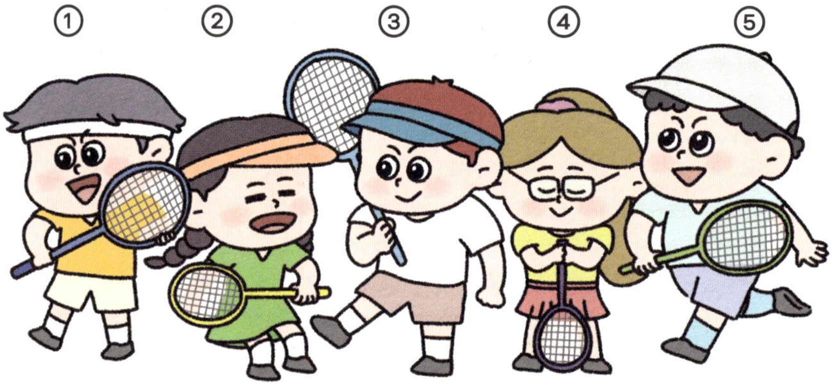
①
②
③
④
⑤

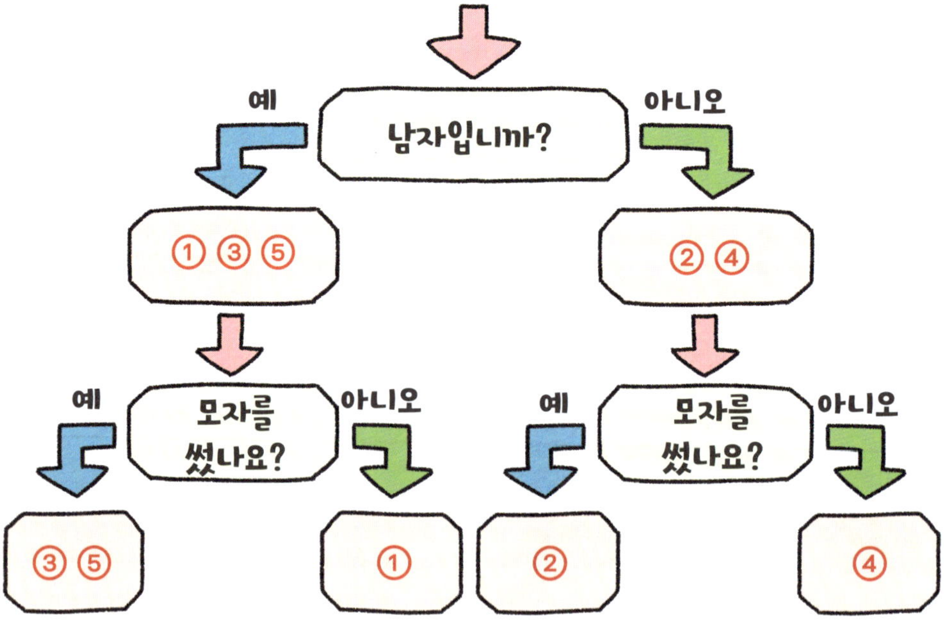
남자입니까?
예
아니오
① ③ ⑤
② ④
모자를 썼나요?
예
아니오
③ ⑤
①
모자를 썼나요?
예
아니오
②
④

❶

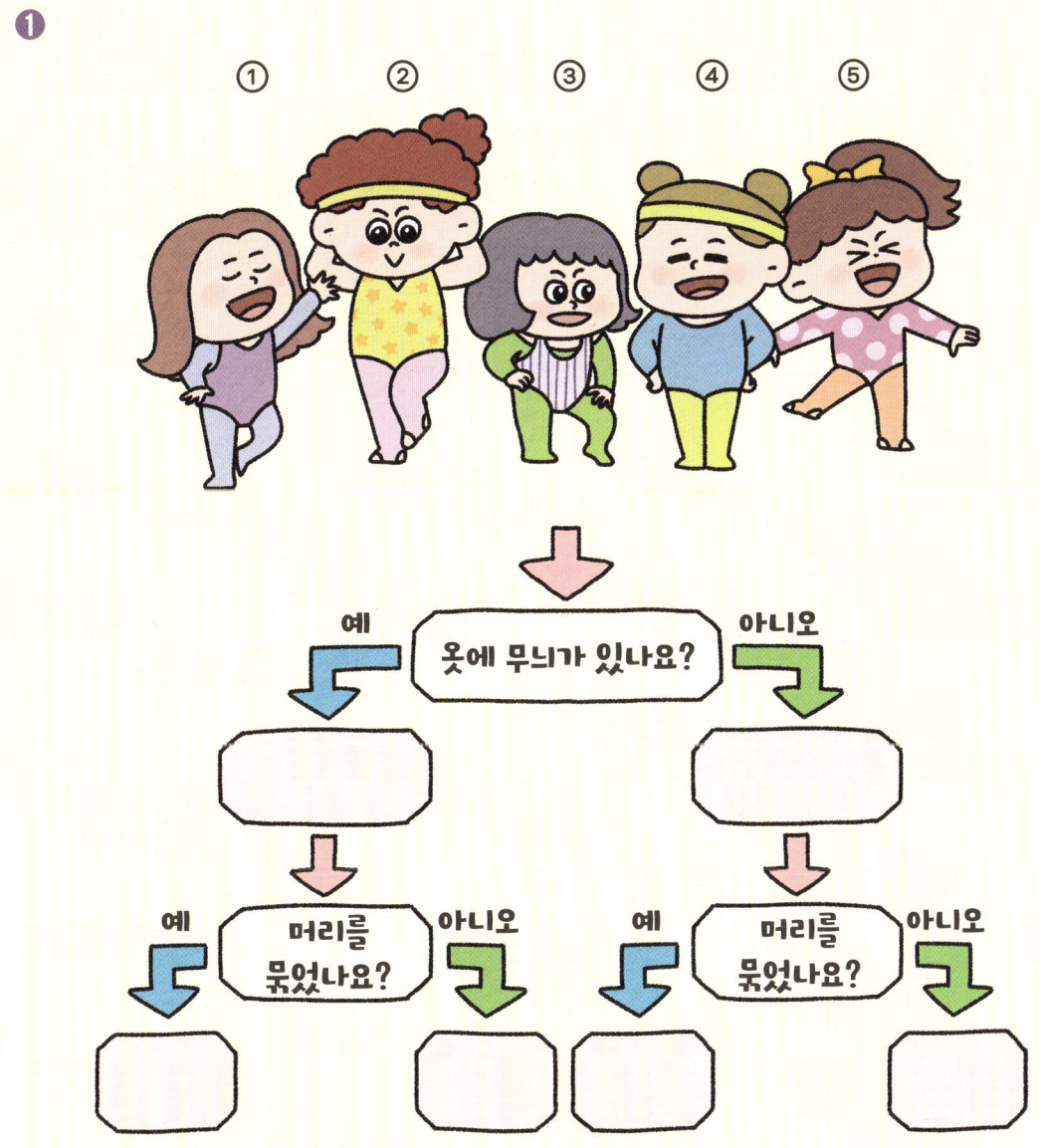

❷

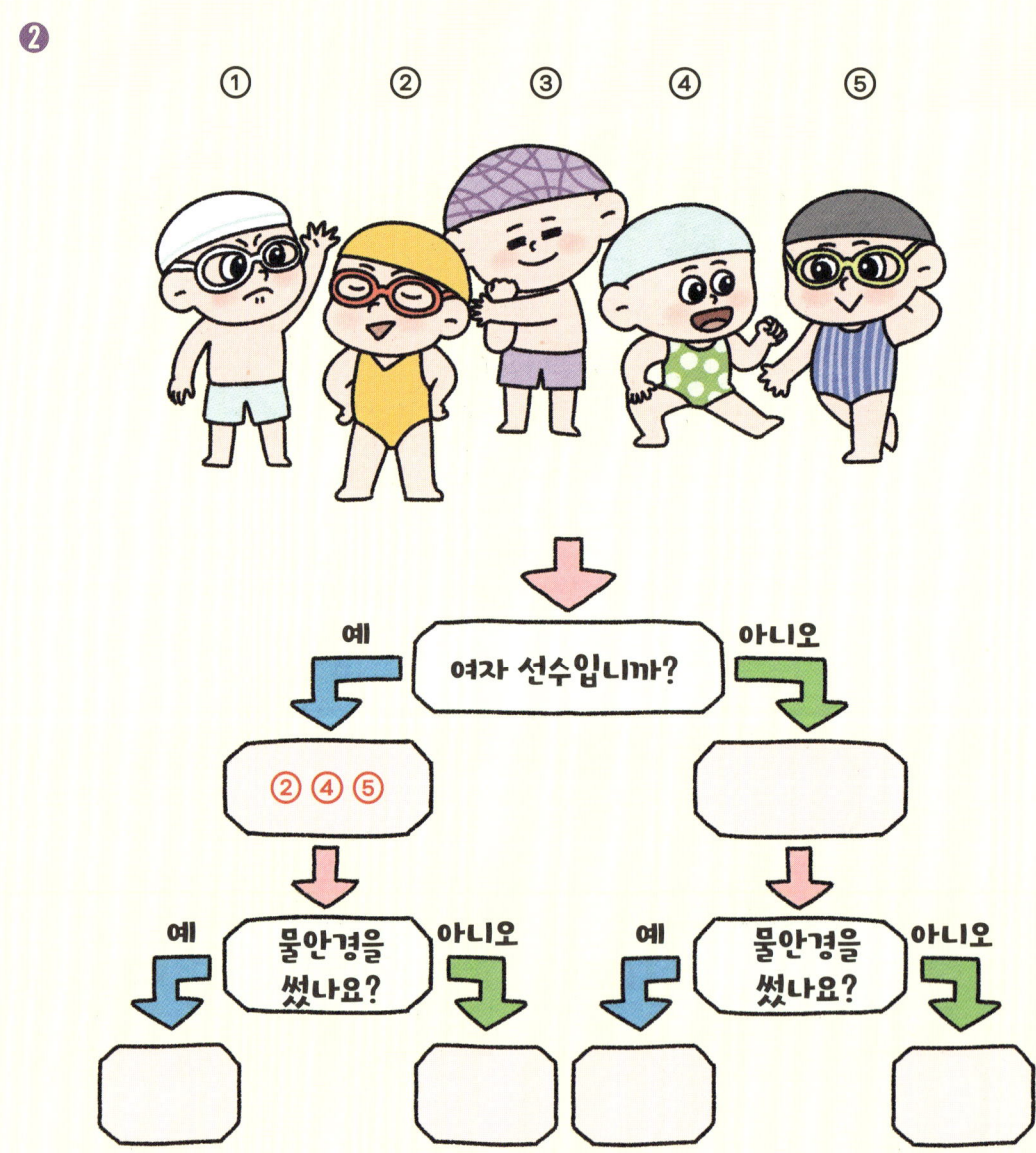

❸

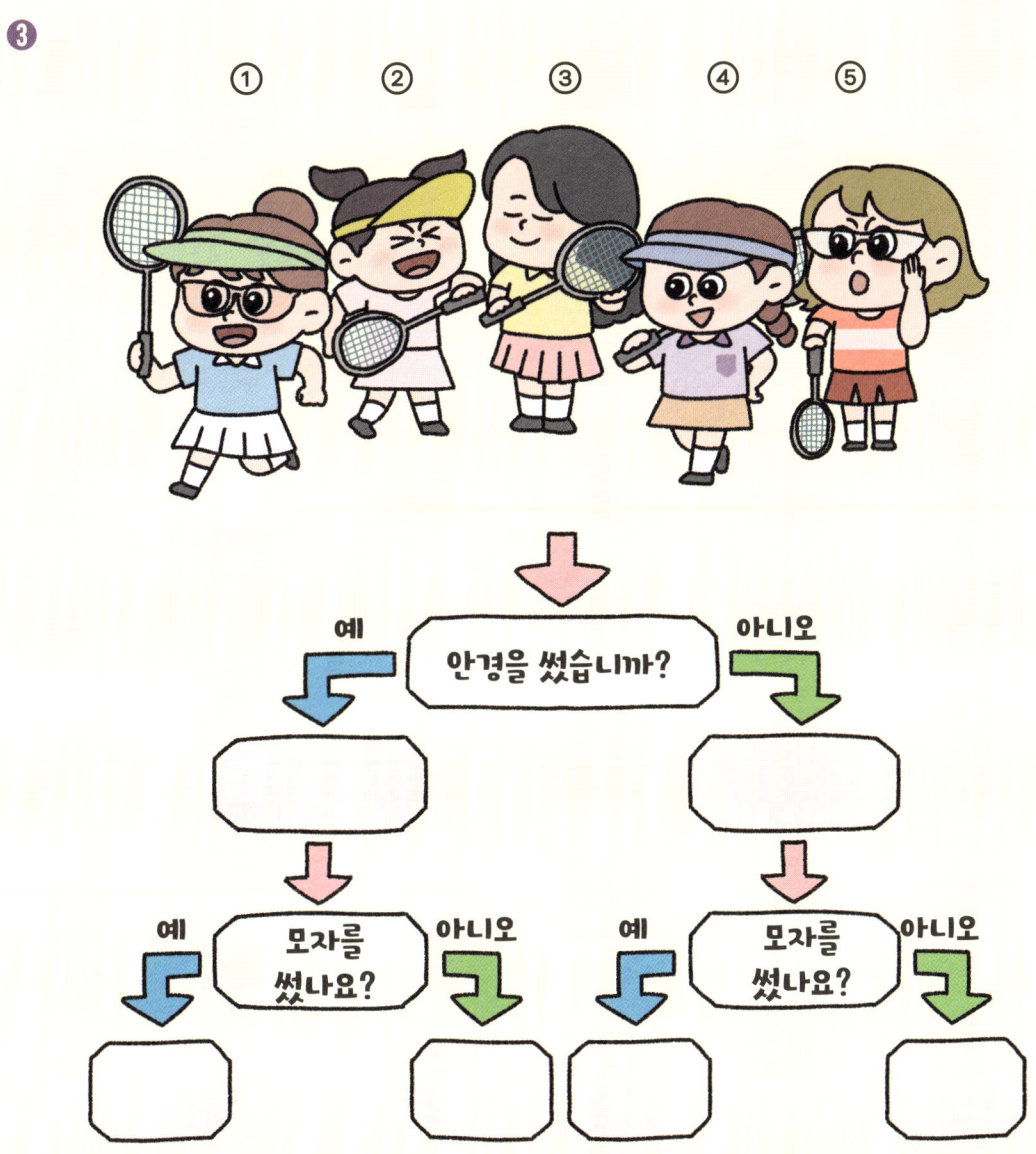

① ② ③ ④ ⑤

예　　안경을 썼습니까?　　아니오

예　모자를 썼나요?　아니오　　예　모자를 썼나요?　아니오

창의력이 샘솟는 STEP 3

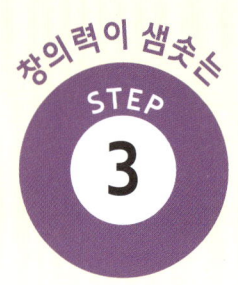

어떤 기준으로 분류했을까?

1 [보기]와 같이 어떤 기준으로 나눴는지 빈칸에 들어갈 알맞은 기준을 써 보세요.

보기

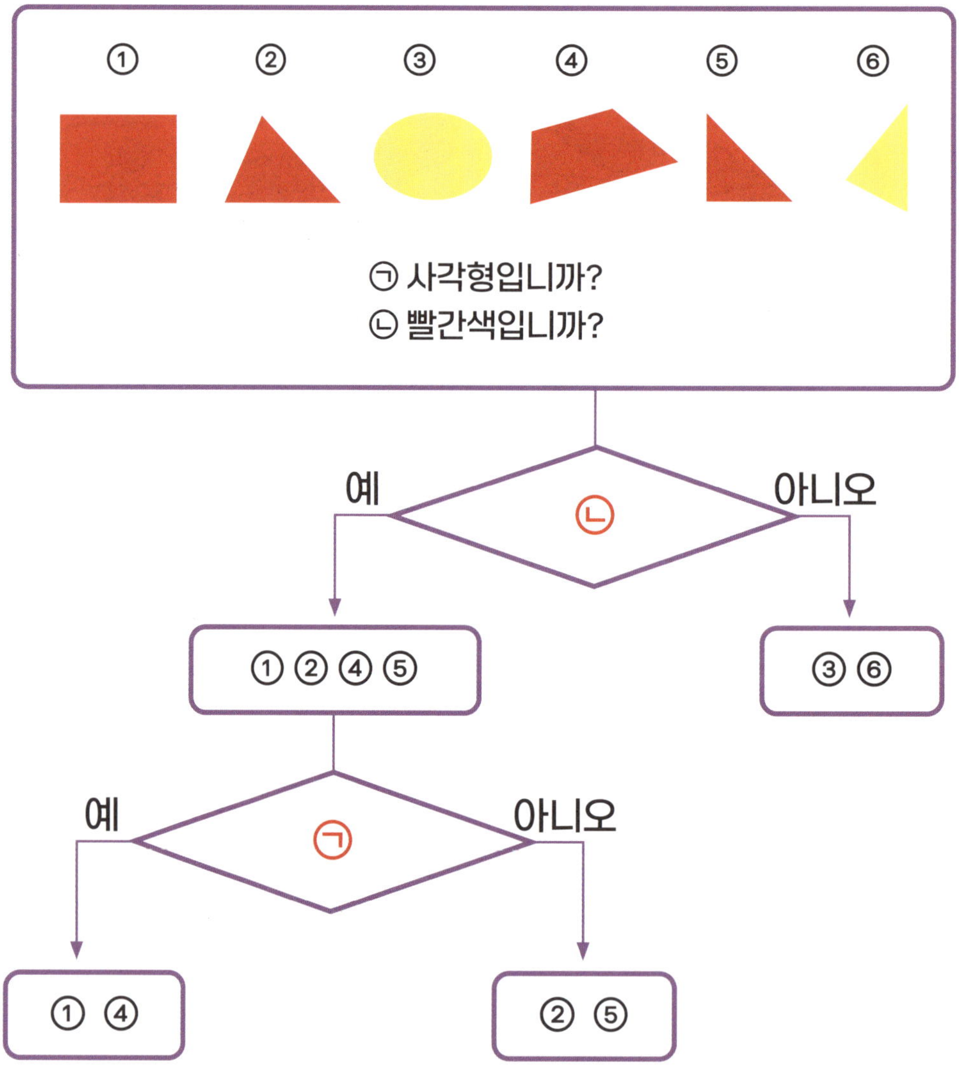
① ② ③ ④ ⑤ ⑥
㉠ 사각형입니까?
㉡ 빨간색입니까?
예
㉡
아니오
① ② ④ ⑤
③ ⑥
예
㉠
아니오
① ④
② ⑤

❶

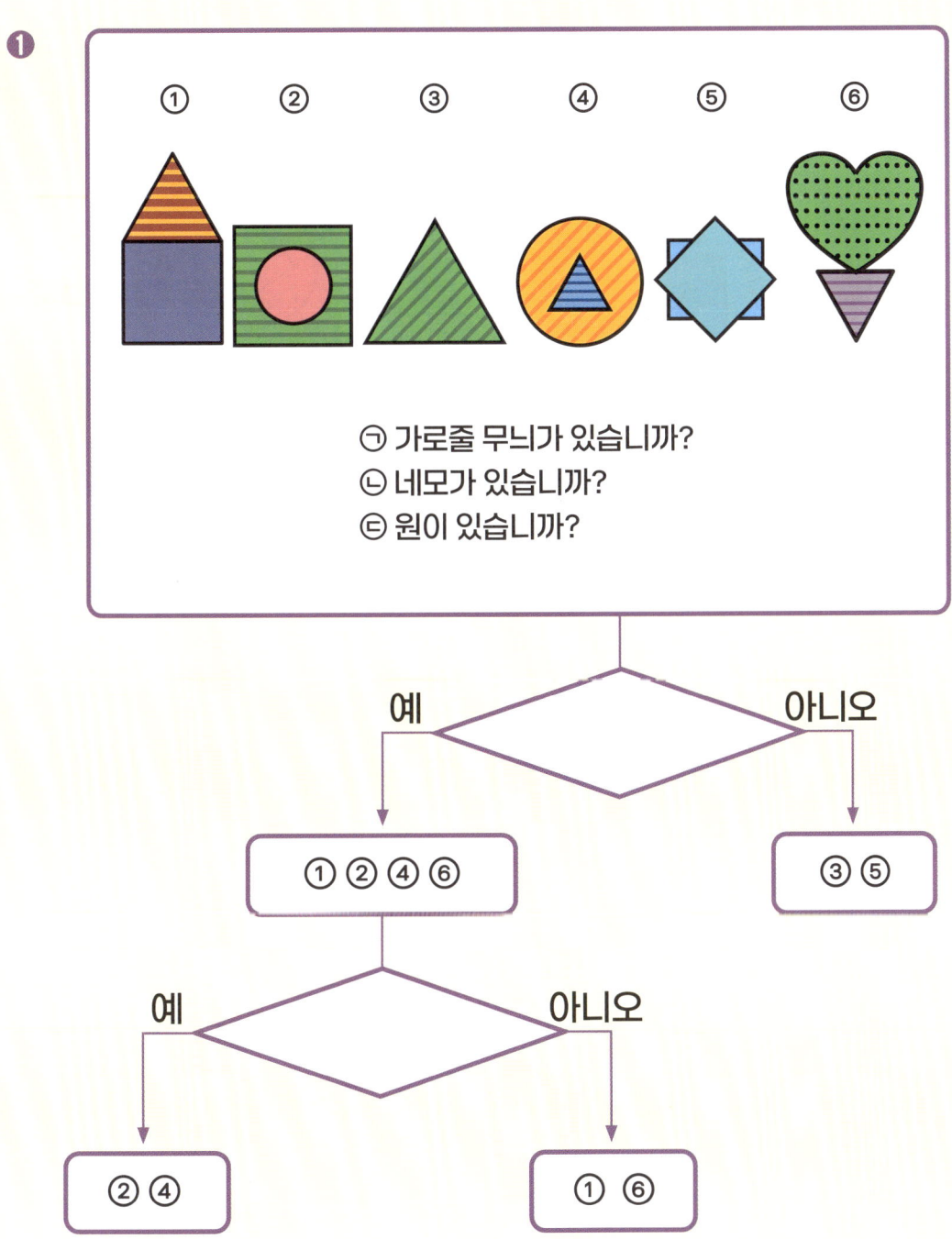

① ② ③ ④ ⑤ ⑥

㉠ 가로줄 무늬가 있습니까?
㉡ 네모가 있습니까?
㉢ 원이 있습니까?

예 　 아니오

① ② ④ ⑥ 　 ③ ⑤

예 　 아니오

② ④ 　 ① ⑥

❷

① ② ③ ④ ⑤ ⑥

㉠ 물결 무늬가 있습니까?
㉡ 초록색이 있습니까?
㉢ 원이 있습니까?

예   아니오

② ④   ① ③ ⑤ ⑥

예   아니오

① ③   ⑤ ⑥

❸

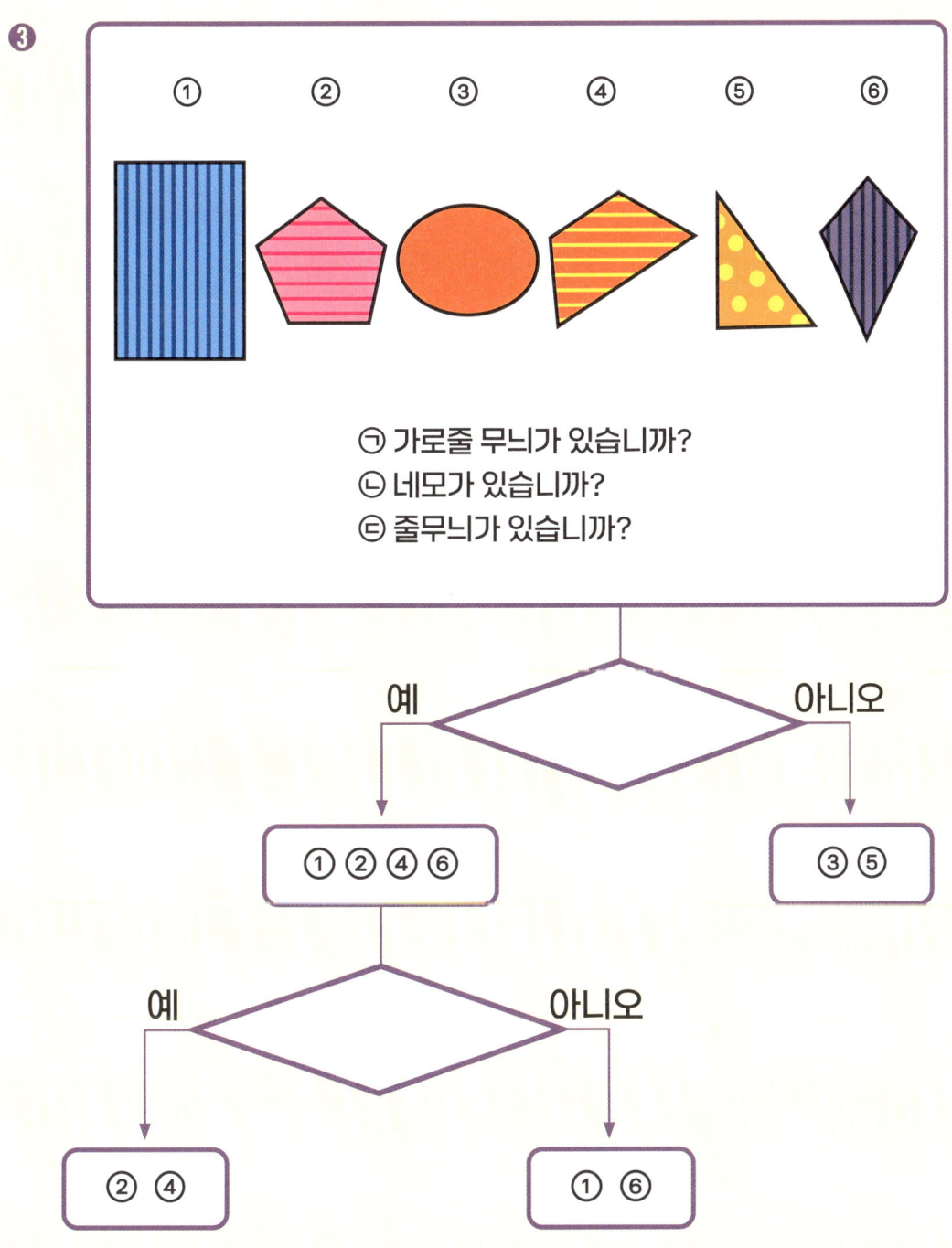

① ② ③ ④ ⑤ ⑥

㉠ 가로줄 무늬가 있습니까?
㉡ 네모가 있습니까?
㉢ 줄무늬가 있습니까?

예   아니오

① ② ④ ⑥   ③ ⑤

예   아니오

② ④   ① ⑥

생각이 자라는 STEP 1

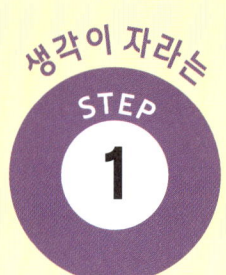

④ 표와 친해져요

종류별로 묶어 빈칸을 채워요

1 달콤 도넛 가게가 문을 열었습니다.

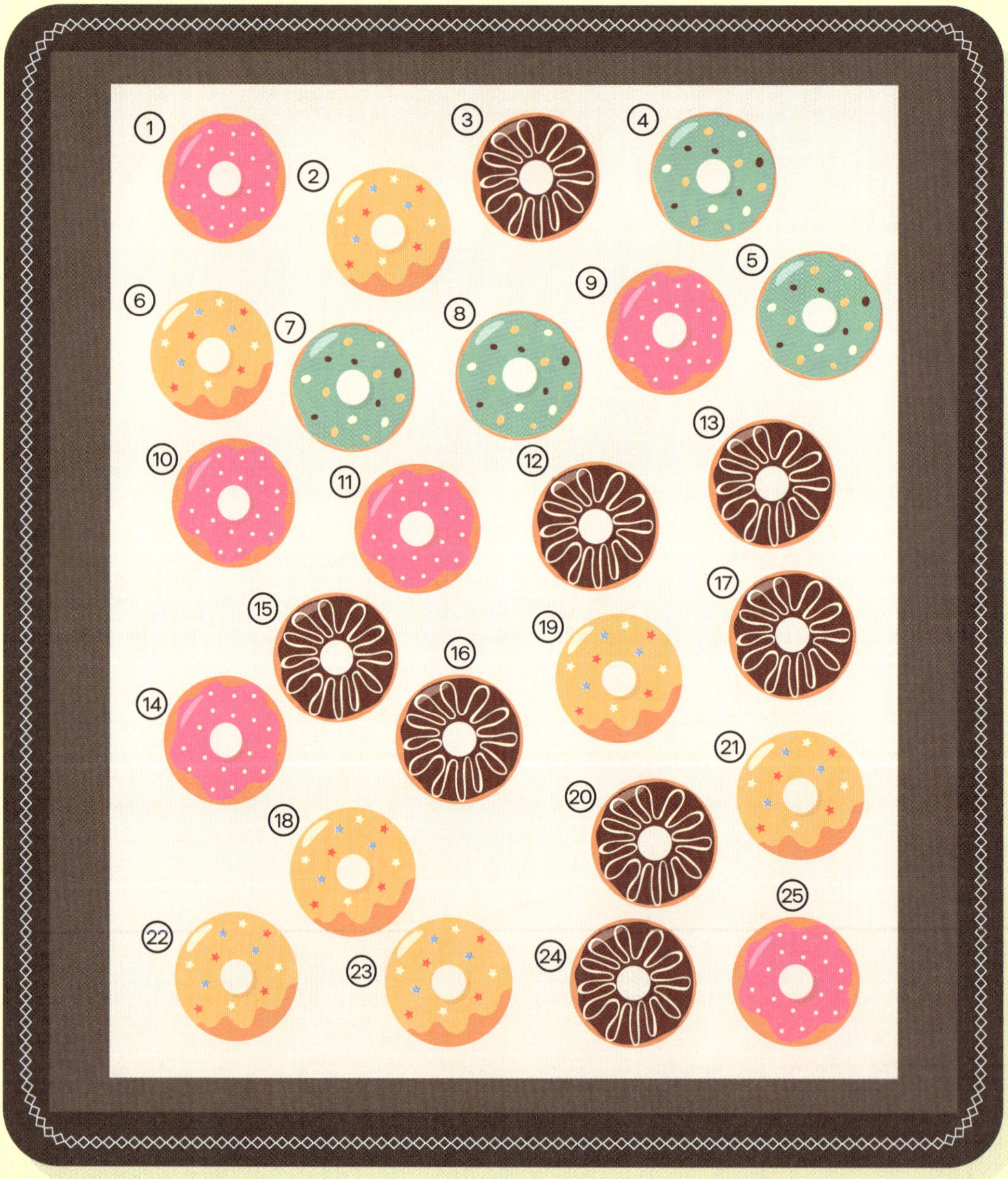

❶ 주인 아저씨가 만든 도넛을 종류별로 모아 번호를 써 보세요.

	딸기 도넛	①, ⑨, ⑩, ⑪, ⑭, ㉕
	바나나 도넛	
	녹차 도넛	
	초코 도넛	

❷ ❶에서 찾은 자료를 표로 나타내려고 합니다. 빈칸에 알맞은 말 또는 수를 써 보세요.

도넛	딸기				합계
개수(개)	6				

❸ 가장 많이 만든 도넛은 어떤 도넛인지 써 보세요.

도넛

생각이 자라는

STEP 1

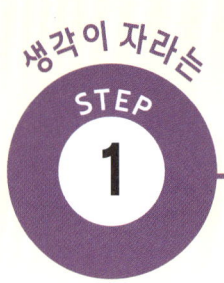

2 다음 흩어진 연결 큐브를 보고 물음에 답하세요.

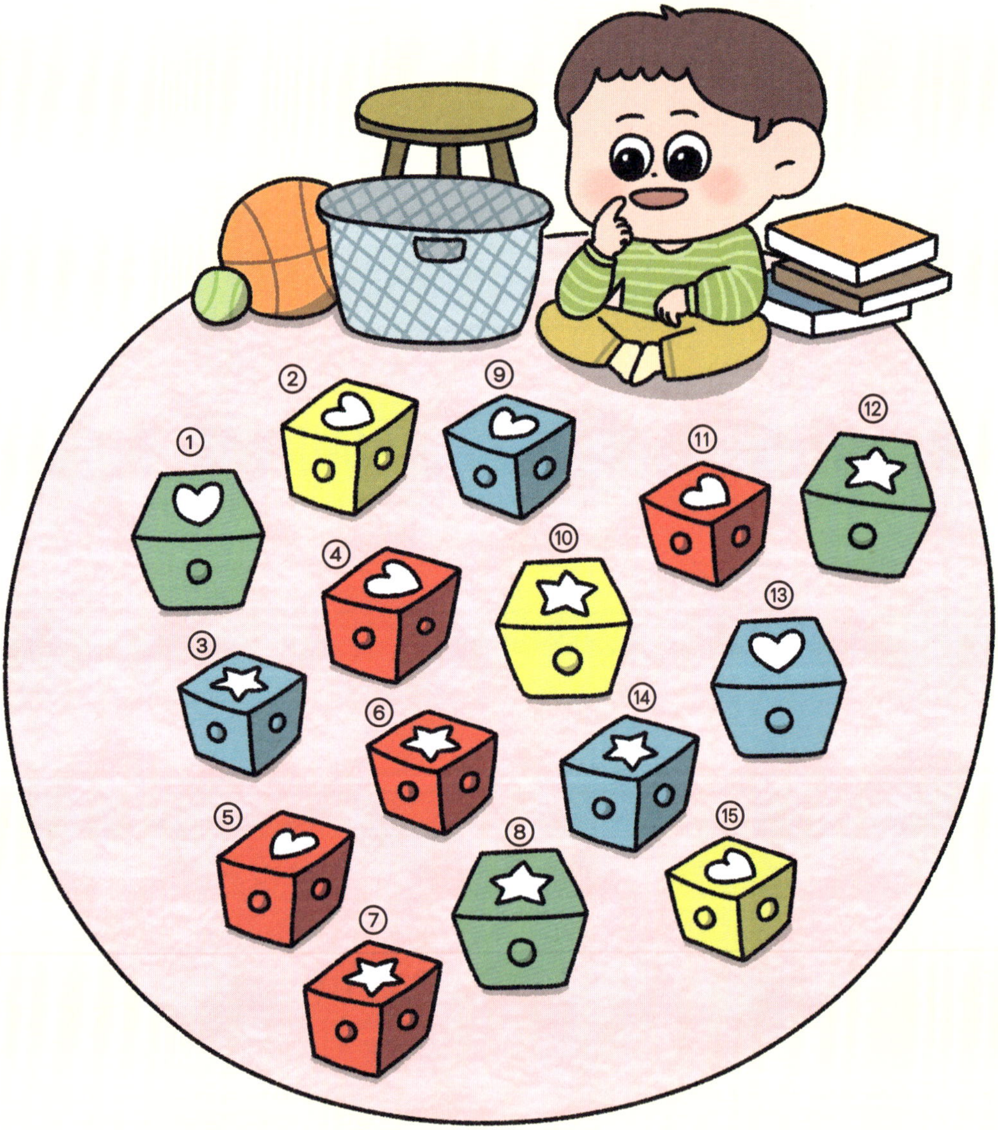

❶ 연결 큐브 중 색깔이 같은 것끼리 모아 번호를 써 보세요.

❷ 연결 큐브 중 무늬가 같은 것끼리 모아 번호를 써 보세요.

☆	
♡	

❸ 연결 큐브 중 색깔과 무늬를 구분해서 몇 개씩 있는지 표로 나타내 보세요.

☆	개	개	개	개
♡	개	개	개	개

응용력이 커지는

STEP 2

개수를 세어 표를 채워요

1 다음 흩어진 딱지를 보고 물음에 답하세요.

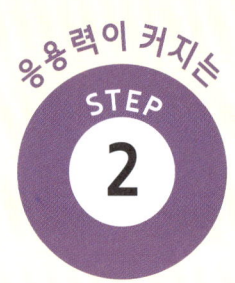

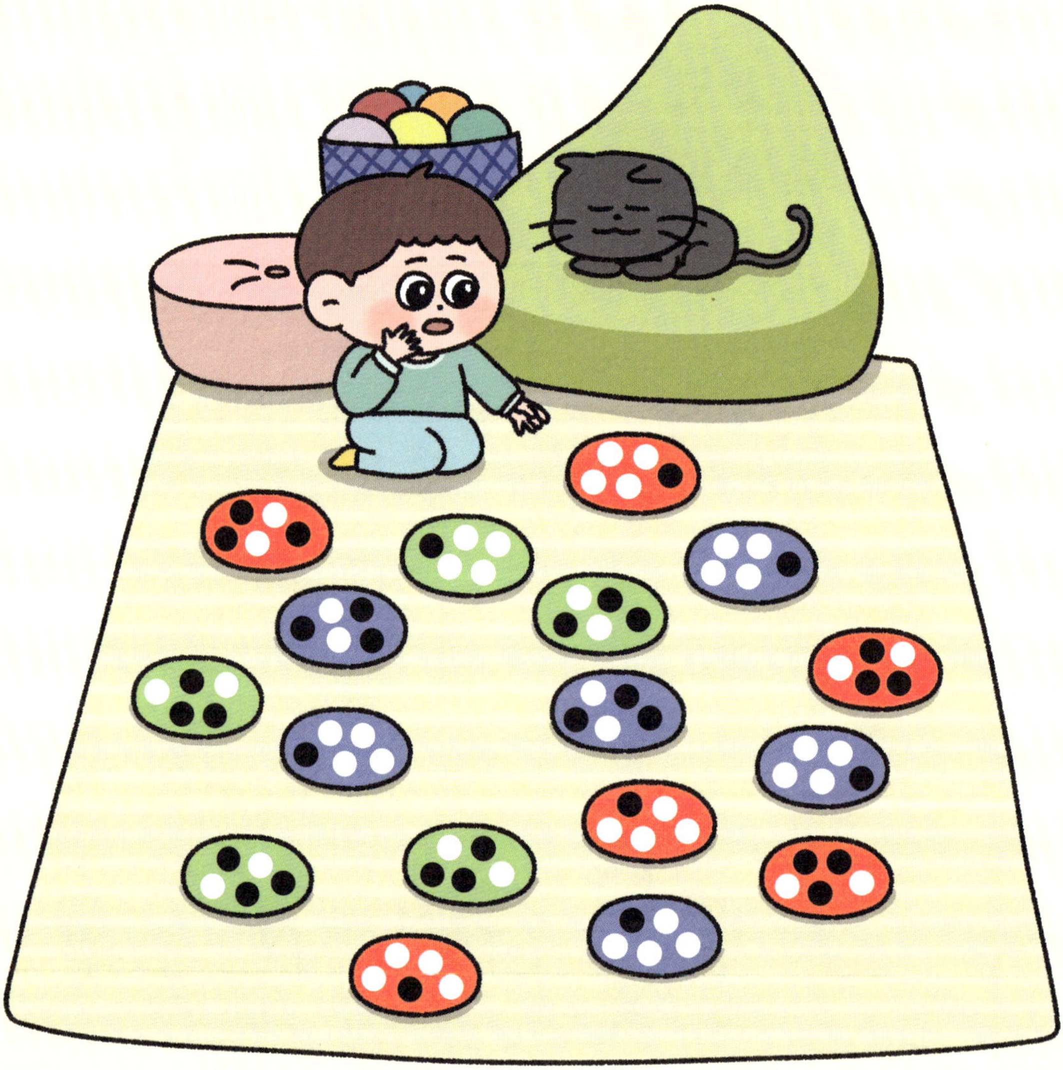

❶ 딱지의 점의 개수와 색깔을 기준으로 나눈 뒤 각각 몇 개씩 있는지 표에 알맞은 수를 써 보세요.

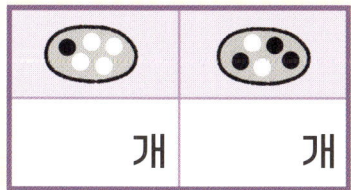

개	개

개	개	개

❷ 점의 개수별로 각 색깔의 딱지가 몇 개씩인지 하나의 표로 정리해서 빈칸에 알맞은 수를 써 보세요.

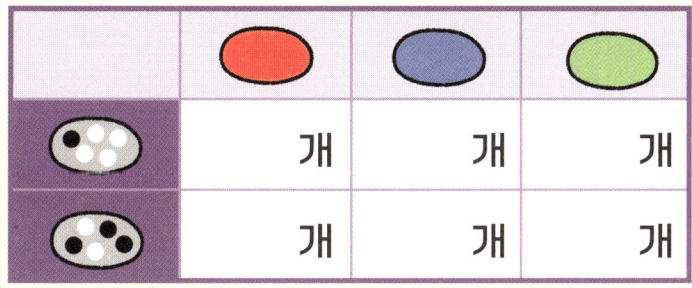

❸ 정리한 표를 보고 빈칸에 알맞은 수를 써 보세요.

빨간색 딱지는 모두 몇 개인가요? ☐ 개

검은색 점이 1개인 딱지는 모두 몇 개인가요? ☐ 개

파란색이면서 검은색 점이 1개인 딱지는 모두 몇 개인가요? ☐ 개

초록색이면서 검은색 점이 3개인 딱지는 모두 몇 개인가요? ☐ 개

103

2 정원이네 모둠 학생들은 어제와 오늘 윗몸일으키기를 했습니다. 표의 빈 칸을 채우고 물음에 답하세요.

	정원	지원	성연	도연
어제	33개	24개	15개	28개
오늘	36개	30개	25개	20개
합계	개	개	개	개

❶ 어제와 오늘 합해서 윗몸일으키기를 가장 많이 한 학생은 누구인지 써 보세요.

❷ 어제와 오늘 합해서 윗몸일으키기를 가장 적게 한 학생은 누구인지 써 보세요.

❸ 어제와 오늘 합해서 윗몸일으키기를 가장 많이 한 학생은 가장 적게 한 학생 보다 몇 개 더 많이 했는지 구하세요.

 개

3 지원이네 반 학생들 중 안경을 쓴 학생들을 표로 정리했습니다. 표의 빈칸을 채우고 물음에 답하세요.

	안경을 쓴 학생	안경을 안 쓴 학생	합계
남학생	7명	9명	명
여학생	5명	8명	명
합계	명	명	명

❶ 안경을 쓴 학생은 모두 몇 명인지 써 보세요.

 명

❷ 안경을 쓴 여학생은 안경을 안 쓴 여학생보다 몇 명 더 적은지 구하세요.

 명

❸ 지원이네 반 학생은 모두 몇 명인지 써 보세요.

명

4 시우네 반 학생들의 주말 활동을 조사해 표로 정리했습니다. 다음 물음에 답하세요.

	수영	축구	태권도	줄넘기	합계
여학생 (명)	4	2		7	15
남학생 (명)		7	4		17
합계 (명)	7	9		10	

❶ 표의 빈칸에 들어갈 알맞은 수를 써 보세요.

❷ 시우네 반 학생은 모두 몇 명인가요?

 명

❸ 주말에 가장 많은 학생들이 한 운동은 무엇인가요?

5 은우네 반 학생들의 몸무게를 조사해 표로 정리했습니다. 다음 물음에 답하세요.(단, ■kg은 "■kg이거나 ■kg 보다 무겁고 ▲kg보다는 가볍다." 를 뜻해요.)

	24kg ~ 27kg	27kg ~ 30kg	30kg ~ 33kg	33kg ~ 36kg	합계
여학생 (명)	5	2	5		
남학생 (명)	1	6		4	15
합계 (명)	6	8		7	

❶ 표의 빈칸에 들어갈 알맞은 수를 써 보세요.

❷ 은우네 반 여학생은 모두 몇 명인가요?

 명

❸ 30kg~33kg에 속하는 학생은 남학생과 여학생 중 어느 쪽이 더 많은가요?

표를 보고 빈칸을 채워요 •────

1 정원이는 반 학생들의 장래 희망과 가장 가고 싶은 나라를 조사했습니다.
(단, 모든 학생이 빠짐없이 한 가지씩 답했습니다.)

❶ 정원이네 반 친구들의 장래 희망을 조사해 표로 나타냈습니다. 다음 물음
에 답해 보세요.

	요리사	의사	가수	마술사	과학자
남학생 (명)	2	2	5	3	3
여학생 (명)	5	3	3	0	2

① 가수가 되고 싶은 학생은 모두 몇 명인가요?

명

② 여학생 중에서 가장 많이 선택한 장래 희망은 무엇인가요?

③ 정원이네 반 학생들은 모두 몇 명인가요?

명

❷ 정원이네 반 친구들이 가장 가고 싶어하는 나라를 조사해 표로 나타냈습니다. 다음 물음에 답해 보세요.

	 미국	 독일	 브라질	 프랑스	 중국
남학생 (명)	4	2	3	?	1
여학생 (명)	3	2	1	4	3

① 정원이네 반 여학생은 모두 몇 명인가요?

명

② 프랑스에 가고 싶은 남학생은 몇 명인가요?

명

③ 가장 많은 학생들이 가고 싶어하는 나라는 어디인가요?

생각이 자라는 STEP 1

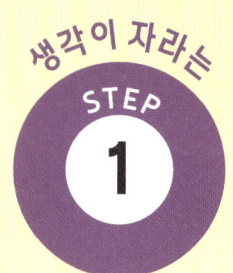

⑤ 그래프와 친해져요

그래프를 보고 특징을 발견해요

1 다음은 한 달 동안의 날씨를 그래프로 나타낸 것입니다. 그래프를 보고 알 수 있는 사실을 모두 골라 ○표 해 보세요.

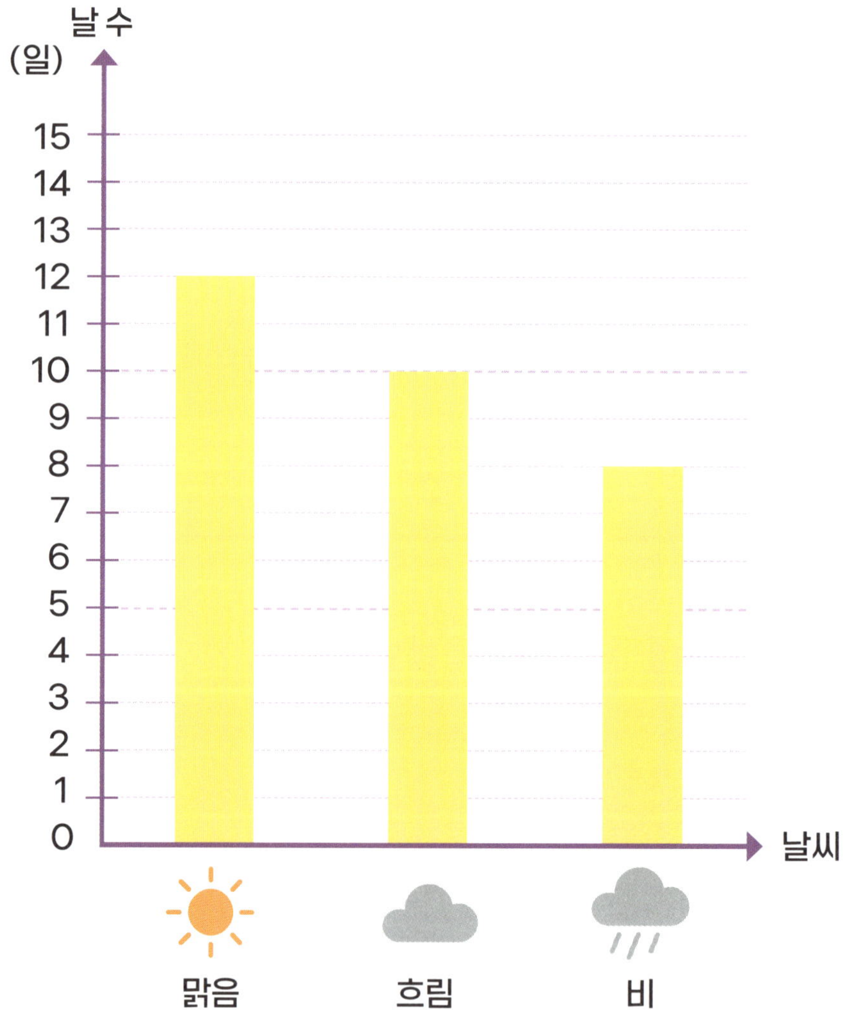

날 수
(일)
15
14
13
12
11
10
9
8
7
6
5
4
3
2
1
0
날씨
맑음
흐림
비

흐린 날은 10일입니다.

이 달에는 비가 온 날이
가장 많습니다.

맑은 날은 13일입니다.

비가 온 날은 8일입니다.

한 달이 30일인 달의
날씨입니다.

흐린 날이
가장 많습니다.

2 다음 그래프에는 잘못된 부분이 있습니다. 어떤 점이 잘못되었는지 오른쪽에서 찾아 ⬚ 에 알맞은 번호를 써 보세요.

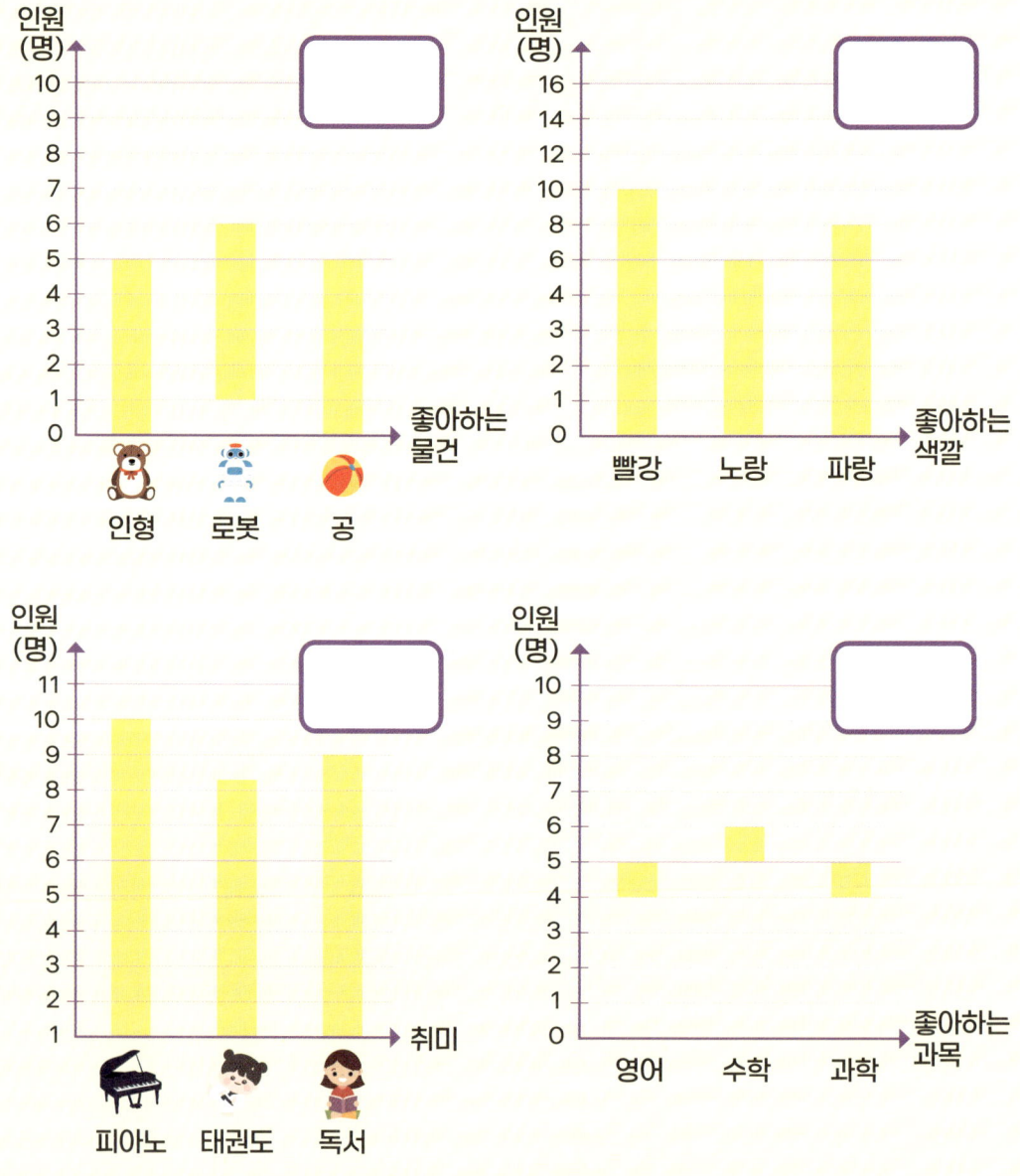

눈금의 크기가 모두 같아야
하는데 눈금의 크기가
1씩 커지다가 2씩 커진다.

눈금이 0인 칸부터 전체를
막대 모양으로 색칠해야
하는데 맨 위의1칸만
색칠했다.

막대그래프는 눈금이
0인 칸부터 순서대로
색칠해야 하는데 눈금이
1인 칸부터 색칠했다.

그래프의 왼쪽 눈금은
0부터 시작해야 하는데
왼쪽 눈금이 1부터
시작한다.

응용력이 커지는

STEP

2

그래프와 표를 함께 채워요 •

1 그래프를 보고 잘못 이야기한 친구를 찾아 [보기]와 같이 ○표 해 보세요.

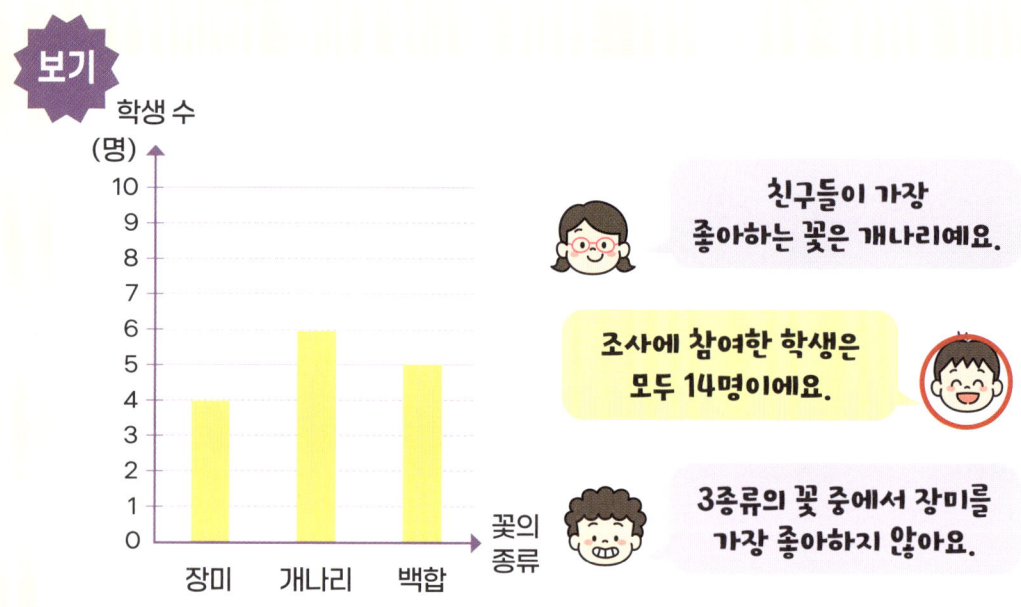

보기

친구들이 가장 좋아하는 꽃은 개나리예요.

조사에 참여한 학생은 모두 14명이에요.

3종류의 꽃 중에서 장미를 가장 좋아하지 않아요.

❶

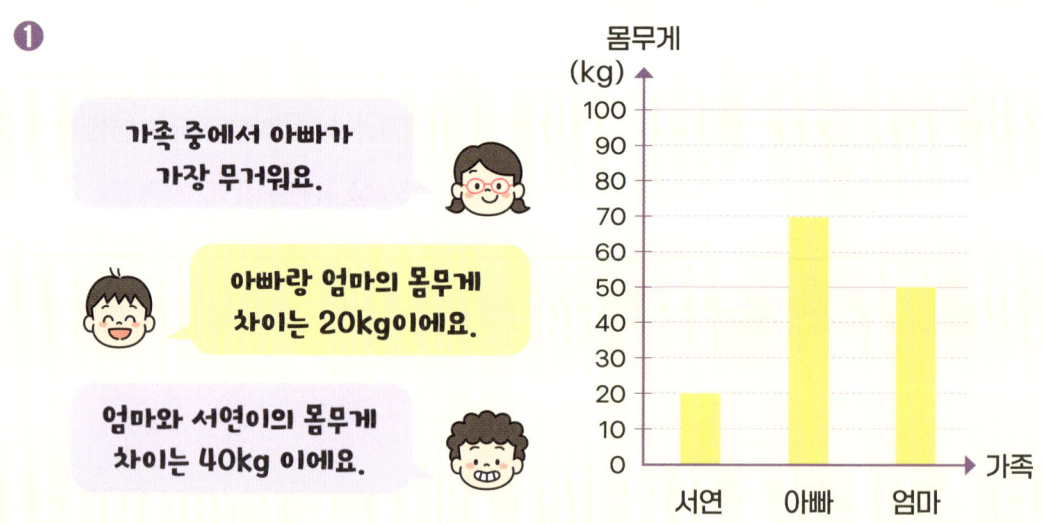

가족 중에서 아빠가 가장 무거워요.

아빠랑 엄마의 몸무게 차이는 20kg이에요.

엄마와 서연이의 몸무게 차이는 40kg 이에요.

❷

겨울보다 봄을 좋아하는
친구가 2명 더 많아요.

가장 많은 친구들이
좋아하는 계절은 여름이에요.

가을과 겨울을 좋아하는
친구들은 모두 12명이에요.

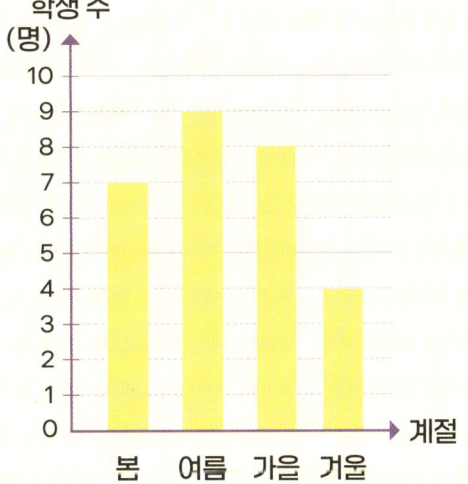

학생 수
(명)

계절

봄   여름   가을   겨울

❸

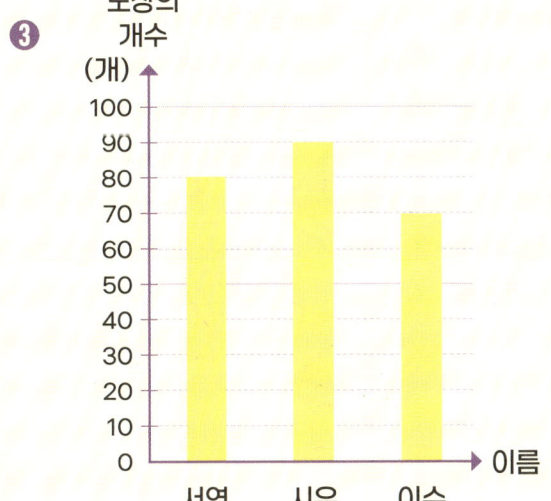

도장의
개수
(개)

이름

서연   시우   이수

시우가 칭찬 도장을
가장 많이 받았어요.

서연이와 시우의 칭찬 도장은
20개만큼 차이가 나요.

이수와 서연이가 모은 칭찬
도장 수의 합은 150개예요.

115

응용력이 커지는 STEP 2

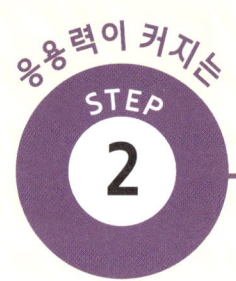

2 다음 바닥에 흩어진 책을 보고 물음에 답하세요.

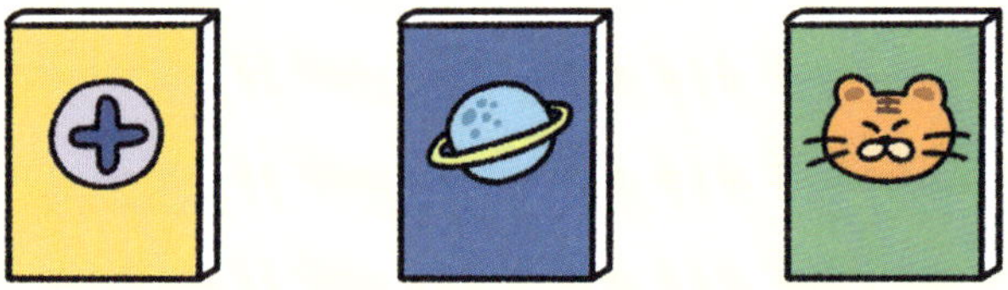

위인전　　과학책　　동화책

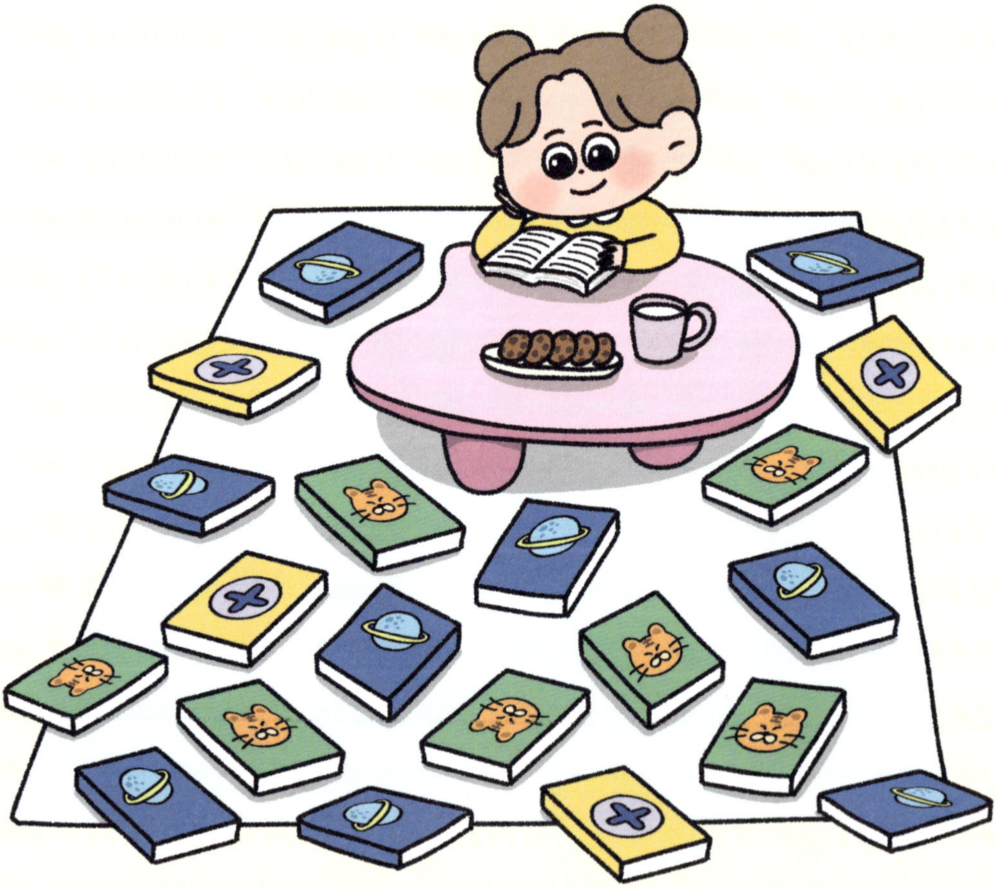

❶ 책을 종류별로 세어 표로 나타내 보세요.

책 종류	동화책			합계
권 수(권)		4		

❷ 표를 다시 막대그래프로 나타내 보세요.

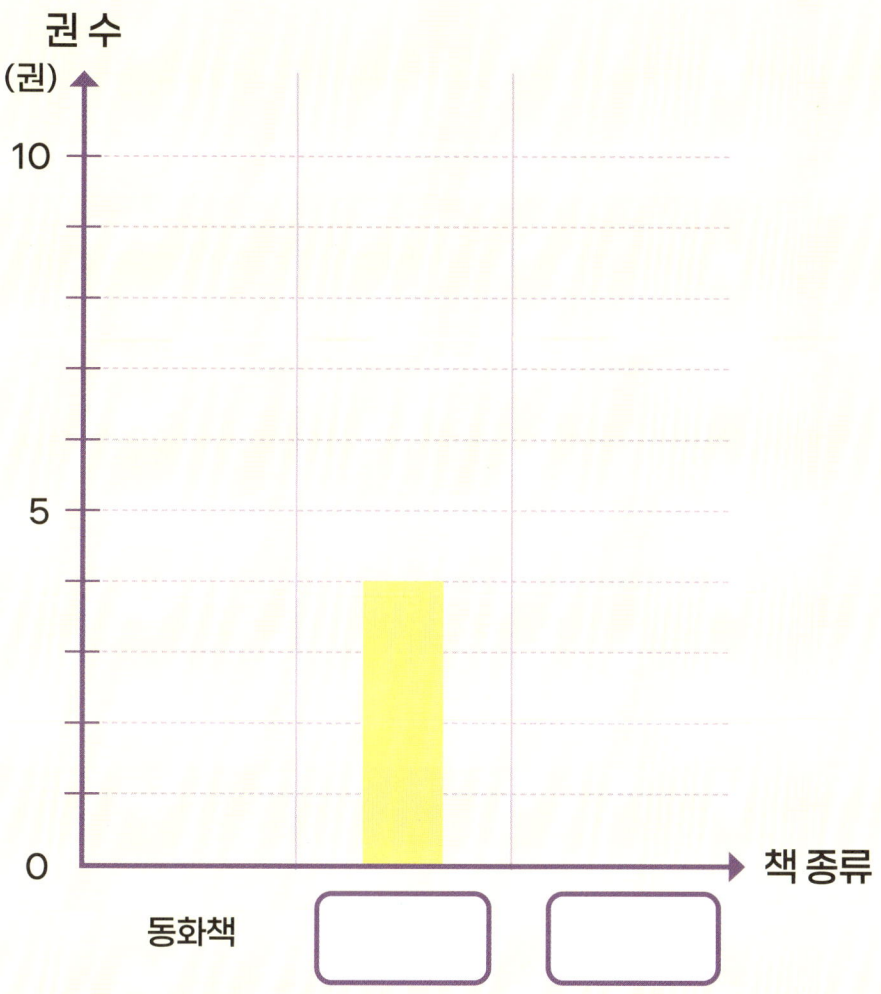

3 반의 남학생과 여학생의 혈액형을 조사해 나타낸 것을 보고 물음에 답하
세요.

A형   B형   O형   AB형

❶ 조사 결과를 표로 정리해 보세요.

	A형	B형	O형	AB형	합계 (명)
남학생(명)				2	
여학생(명)		4			
합계(명)			8		

❷ ❶에서 만든 표로 막대그래프를 완성해 보세요.

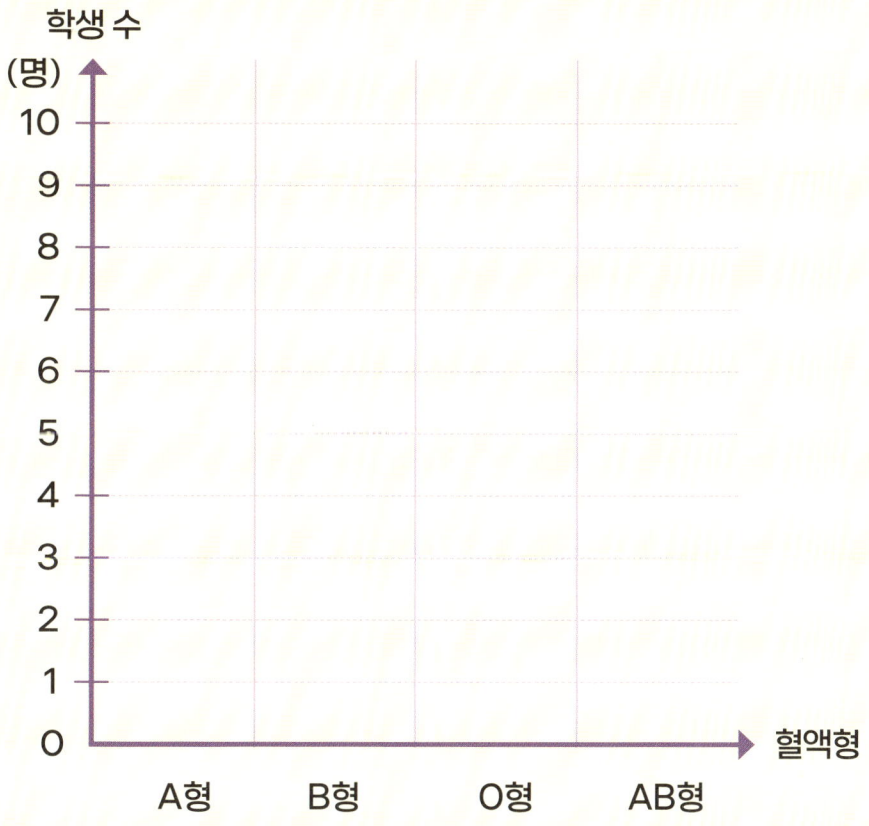

그래프를 정확히 이해해요 •──

1 운동 경기별 한 팀에 필요한 인원이 몇 명인지 조사해 나타낸 그래프입니다.
그래프를 보고 옳은 설명을 모두 골라 번호를 써 보세요.

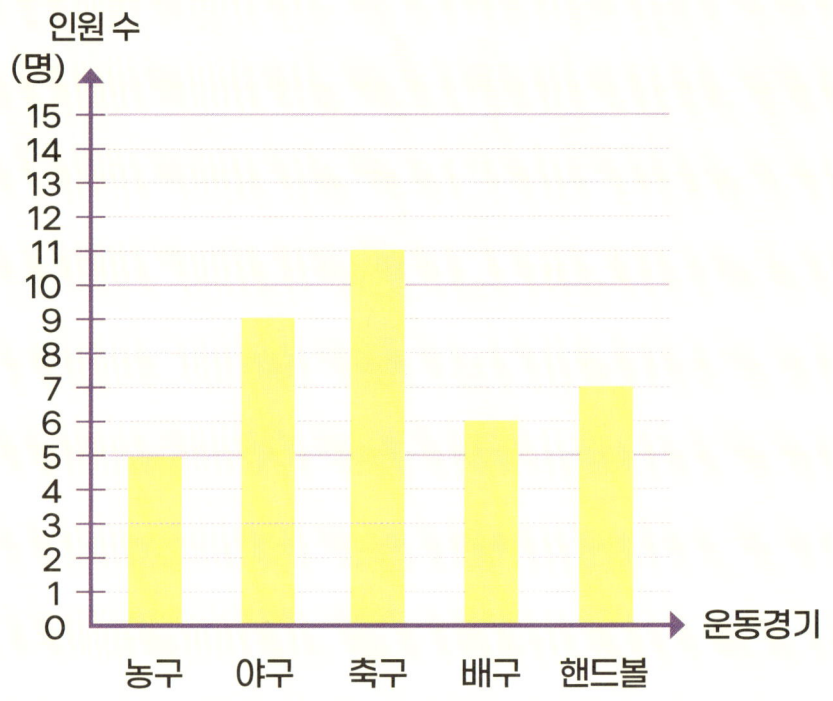

① 핸드볼 경기를 하는 데 한 팀에 필요한 인원은 6명입니다.

② 5개의 운동 경기 중 가장 많은 인원이 필요한 경기는 축구입니다.

③ 야구 경기를 하려면 농구 경기 인원보다 한 팀당 3명씩 더 필요합니다.

④ 농구와 배구 경기의 한 팀에 필요한 인원을 더하면 모두 11명입니다.

⑤ 5개의 운동 경기 중 한 팀의 인원이 가장 적게 필요한 경기는
배구입니다.

2 반 학생들이 좋아하는 색을 조사해 나타낸 그래프입니다. 그래프를 보고 잘못된 설명을 모두 골라 번호를 써 보세요.

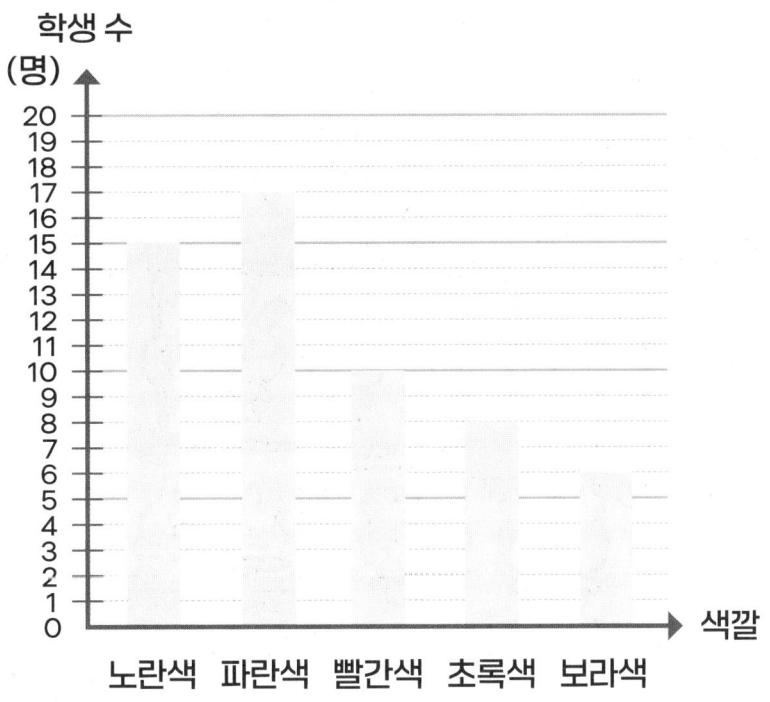

① 반 학생들은 파란색을 가장 좋아합니다.

② 보라색을 좋아하는 학생은 5명입니다.

③ 초록색 또는 보라색을 좋아하는 학생은 모두 14명입니다.

④ 학생들이 두 번째로 좋아하는 색은 노란색입니다.

⑤ 파란색을 좋아하는 학생은 빨간색을 좋아하는 학생보다
   5명 더 많습니다.

3 친구들에게 선물할 인형입니다. 물음에 답하세요.

❶ 인형들을 아래 기준에 따라 표로 정리해 보세요.

	분홍색	하늘색	노란색	합계 (개)
곰 (개)			7	
토끼 (개)		3		
합계 (개)	11			

❷ 표를 보고 막대그래프를 완성해 보세요.

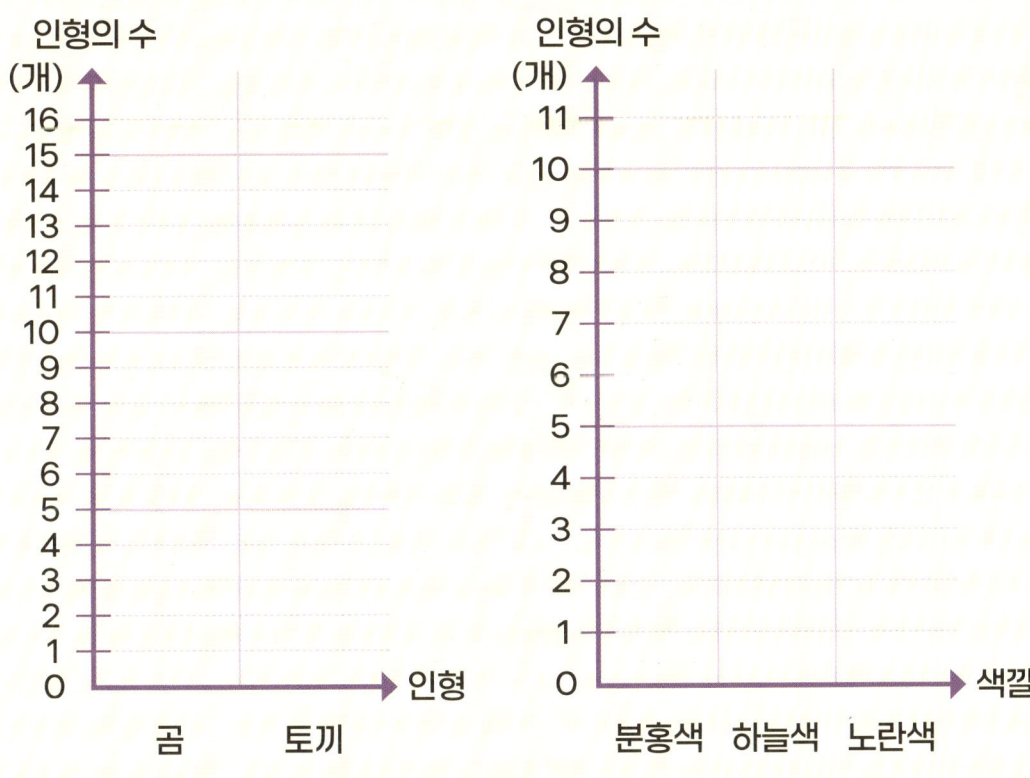

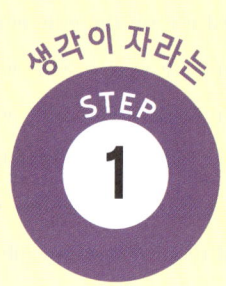

생각이 자라는 STEP 1

❻ 경우와 가능성을 살펴요

무엇이 뽑힐까?

1 다음은 백화점 경품 이벤트에 참여한 사람들이 받고 싶은 경품에 응모권을 넣은 것입니다. 자동차, 냉장고, 핸드폰 각각 1개씩 경품으로 받을 수 있을 때, 물음에 답하세요.

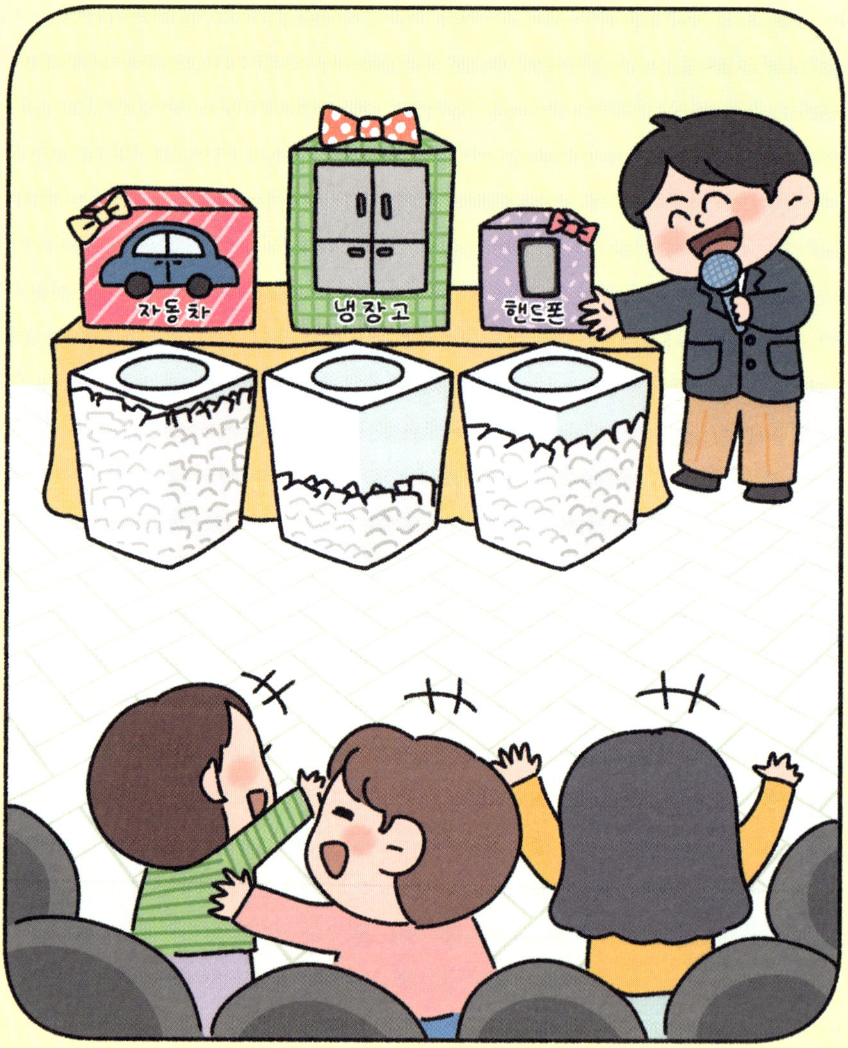

❶ 응모권을 넣은 사람의 수가 많아지면 경품을 받기 쉬워질까요, 어려워질까요? 옳은 쪽에 ○표 해 보세요.

경품을 받기 쉬워진다   경품을 받기 어려워진다

❷ 정우네 가족 중 아빠는 자동차, 엄마는 냉장고, 정우는 핸드폰을 골라 경품함에 응모권을 넣었어요.

① 정우네 가족 중에서 당첨 가능성이 가장 높은 사람은 누구일까요?

② 정우네 가족 중에서 당첨 가능성이 가장 낮은 사람은 누구일까요?

생각이 자라는
STEP
1

2 서로 다른 구슬이 든 상자가 놓여 있습니다. 다음 물음에 답하세요.

❶ 1개의 구슬을 꺼낼 때 나올 수 있는 색깔의 수는 몇 가지인지 생각해 빈칸
에 써 보세요.

①   ②

　　　　　　　　　　가지　　　　　　　　　　　가지

③   ④

　　　　　　　　　　가지　　　　　　　　　　　가지

❷ ❶에서 4개의 상자 중 1개를 선택해 구슬 1개를 뽑으려고 합니다. 초록색 구슬을 뽑아야 상품을 탈 수 있습니다. 몇 번 상자를 선택하는 것이 가장 유리한지 번호를 써 보세요.

❸ ❶에서 4개의 상자 중 1개를 선택해 구슬 1개를 뽑으려고 합니다. 빨간색 구슬을 뽑아야 상품을 탈 수 있다면, 몇 번 상자를 선택하는 것이 가장 유리한지 번호를 써 보세요.

❹ ❶에서 4개의 상자 중 1개를 선택해 구슬 1개를 뽑으려고 합니다. 노란색 구슬을 뽑아야 상품을 탈 수 있다면, 몇 번 상자를 선택하는 것이 가장 유리한지 유리한 순서대로 번호를 써 보세요.

어떤 일이 자주 일어날까?

1 돌림판을 돌릴 때 어떤 결과가 나올지 다음 물음에 답하세요.

❶ 돌림판을 여러 번 돌렸을 때 빨간색과 파란색 중 어떤 색깔이 나올 가능성
이 더 높은지 답하세요.

❷ 돌림판을 여러 번 돌렸을 때 파랑, 보라, 노랑, 초록 중 어떤 색깔이 나올 가
능성이 더 높은지 답을 골라 번호를 써 보세요.

①파랑 ②보라 ③노랑 ④초록 ⑤모두같다

❸ 4가지 색이 각각 나올 가능성이 모두 같은 돌림판을 찾아 ○표 해 보세요.

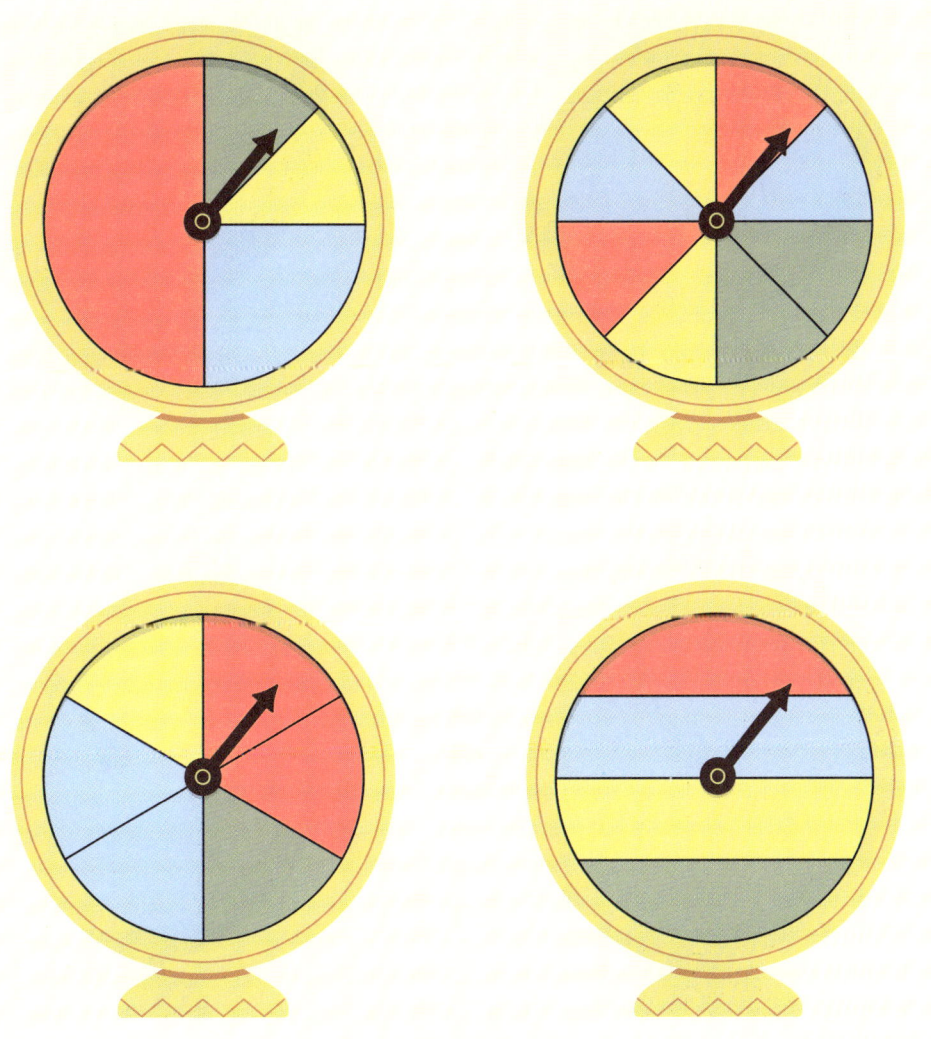

응용력이 커지는 STEP 2

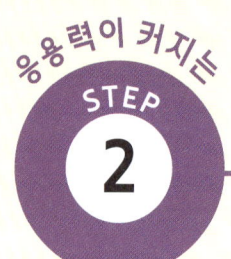

2 돌림판을 10번씩 돌려 나온 수의 합이 가장 큰 사람이 이기는 게임입니다.
4가지 돌림판 중에서 이 게임에 가장 유리한 돌림판을 찾아 ○표 해 보세요.

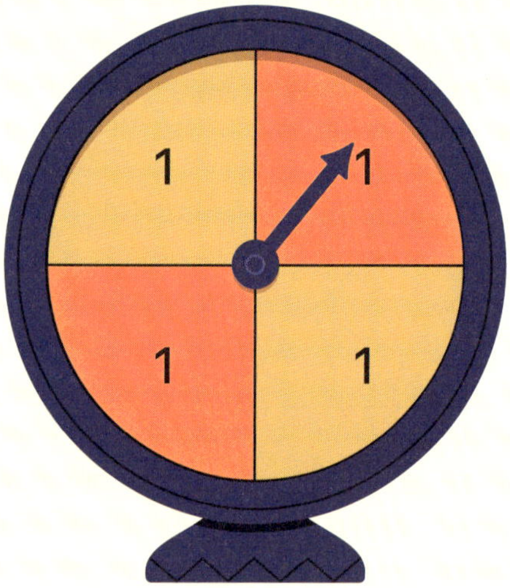

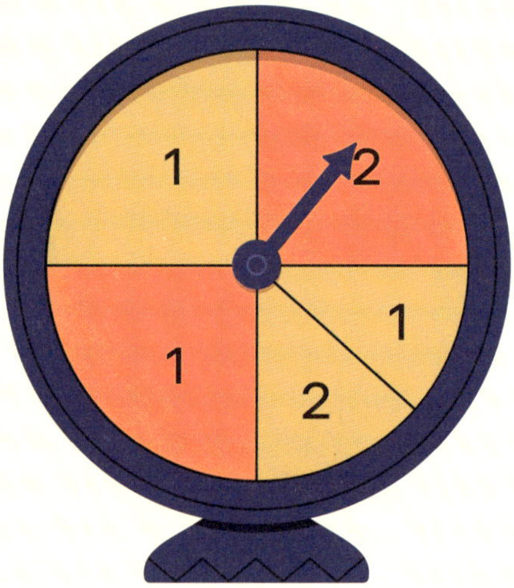

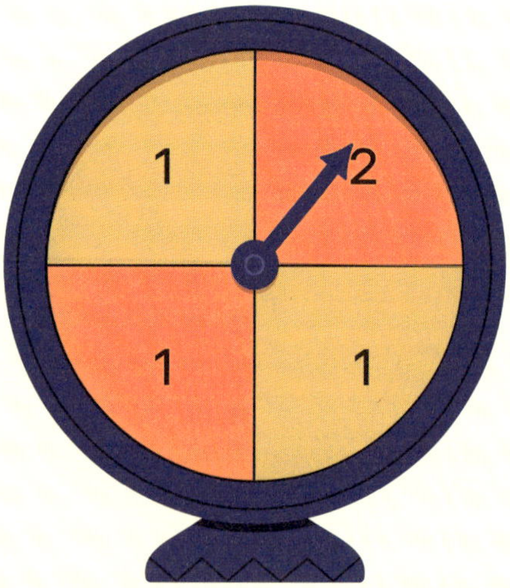

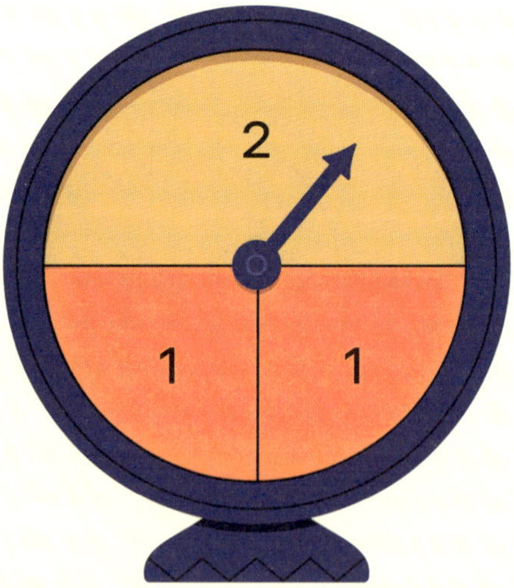

3 아래 돌림판은 돌림판을 여러 번 돌렸을 때 1과 2가 나올 가능성이 같습니다. 이와 같은 또 다른 돌림판 모양을 2가지 그려 보세요.

창의력이 샘솟는 STEP 3

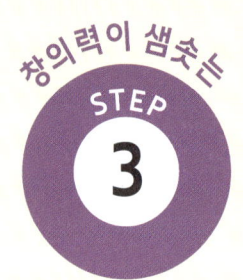

곱셈으로 경우의 수를 살펴요

1 주사위 두 개를 굴려서 나온 수의 합과 상자의 번호가 같아야 열리는 보물 상자가 있습니다. 물음에 답하세요.

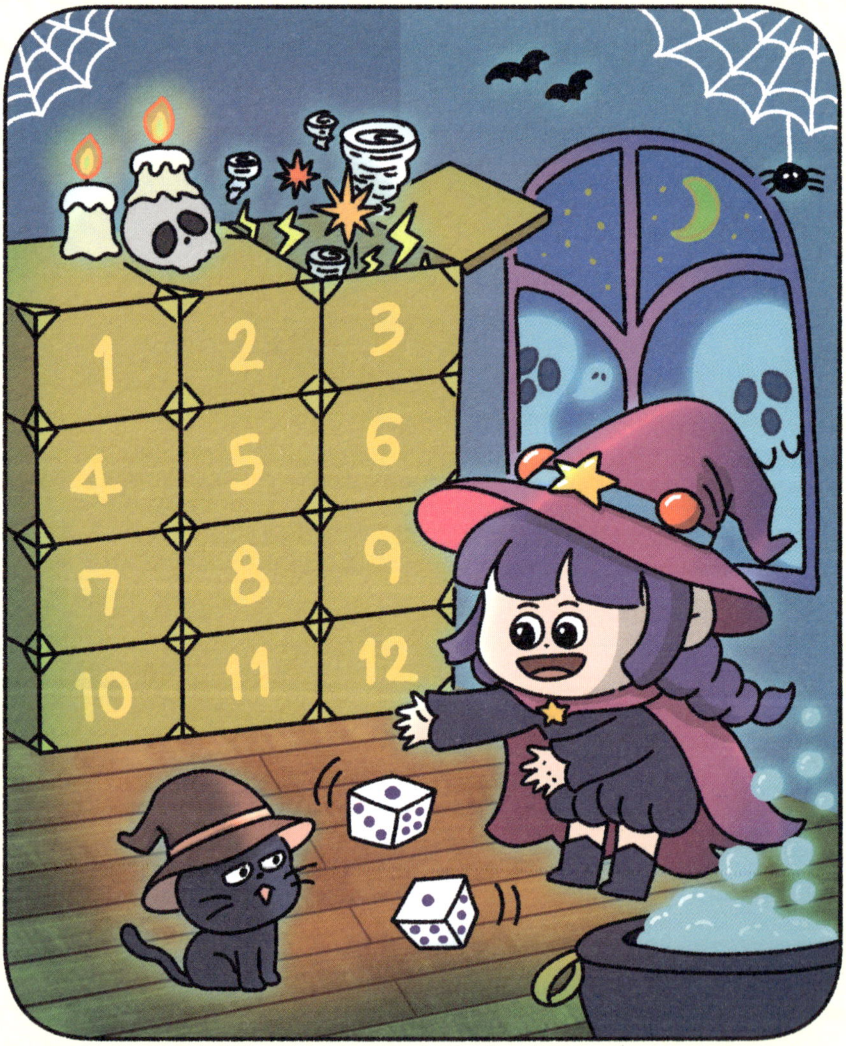

❶ 주사위 두 개를 던져서 나올 수 있는 수의 합은 어떤 수가 있는지 계산해 표의 빈칸을 채우세요.

+	1	2	3	4	5	6
1						
2						
3						
4						
5						
6						

❷ 주사위 두 개를 던져서 나온 수의 합 중 나올 수 있는 가능성이 가장 높은 수를 써 보세요.

❸ 주사위를 아무리 많이 던져도 열 수 없는 보물 상자의 번호는 1번부터 12번 상자 중 몇 번 상자인지 써 보세요.

2 주사위 두 개를 굴려서 나온 수의 곱과 상자의 번호가 같으면 열리는 보물 상자가 있습니다. 물음에 채우세요.

❶ 주사위 두 개를 던져서 나올 수 있는 수의 곱은 어떤 수가 있는지 계산해 표의 빈칸을 채워 보세요.

×	1	2	3	4	5	6
1						
2						
3						
4						
5						
6						

❷ 주사위 두 개를 던져서 나온 수의 곱 중 나올 수 있는 가능성이 가장 높은 수를 모두 써 보세요.

❸ 주사위를 아무리 많이 던져도 열 수 없는 보물 상자의 번호는 1번부터 12번 상자 중 몇 번 상자인지 모두 써 보세요.

정답

① 길고 짧고
길이 단위를 구분해요

월   일

1 [보기]와 같이 물건의 길이를 어림해 알맞은 길이에 ○표 해 보세요.

보기

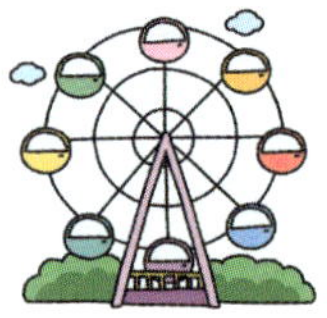

대관람차의 높이   264cm   264m

한 뼘   15cm

발 길이   20cm

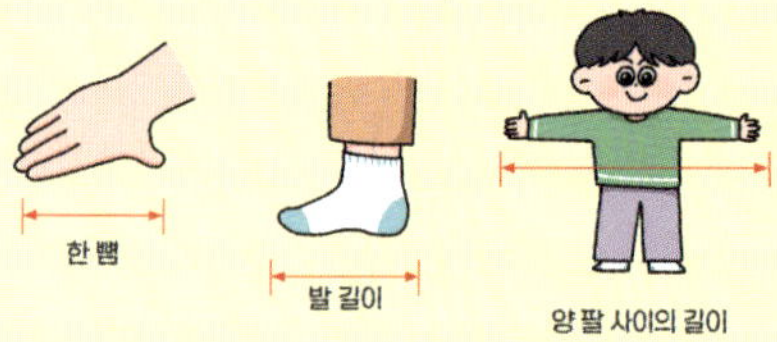

양 팔 사이의 길이   1m 20cm

① 다람쥐 인형의 키   15cm   15m

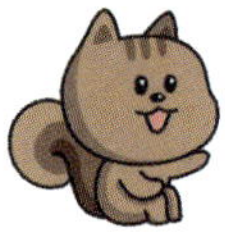

② 실로폰의 길이   50cm   50m

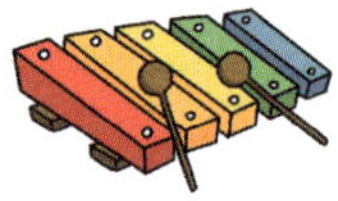

③ 자동차의 길이   4cm   4m

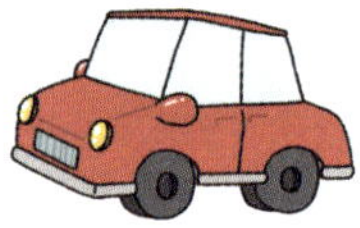

월   일

2 [보기]와 같이 물건의 길이를 단위를 바꿔 써 보세요.

보기

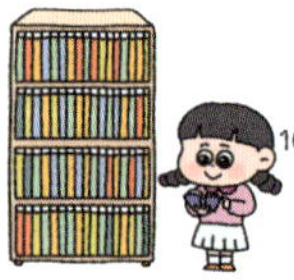

165cm

165cm

= 100 cm + 65 cm

= 1 m 65 cm

② 2m 48cm

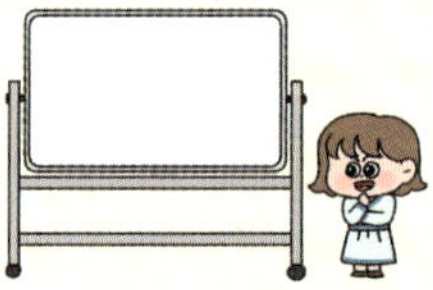

2m 48cm

= 200 cm + 48 cm

= 248 cm

① **381cm**

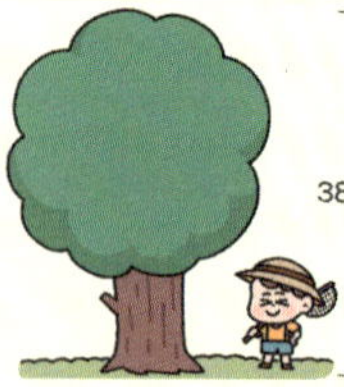

381cm

= 300 cm + 81 cm

= 3 m 81 cm

③ 5m 65cm

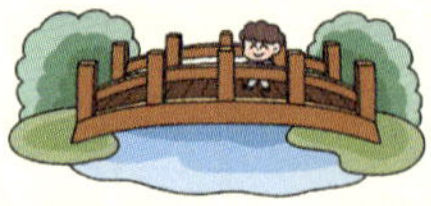

5m 65cm

= 500 cm + 65 cm

= 565 cm

얼마나 길고 짧은지 알아요 •————————

월   일

1 [보기]와 같이 길이가 다른 블록으로 여러 가지 모양을 만들었습니다. 색깔별 블록의 길이를 비교하여 다음 물음에 답하세요.

보기

❷ 쌓은 블록의 높이가 가장 높은 모양을 찾아 ○표 해 보세요.

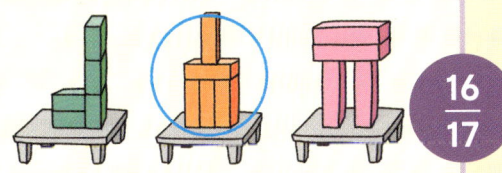

❸ 쌓은 블록의 높이가 가장 낮은 모양을 찾아 ○표 해 보세요.

❶ 각 블록의 길이를 구해 빈칸에 써 보세요.

[2] cm   [3] cm   [4] cm   [5] cm

월   일

2 길이가 10cm인 막대로 키 재기를 했습니다. 다음 글을 읽고 빈칸에 알맞은 이름을 써 보세요.

▶ 지원이의 키는 막대 12개 길이와 같습니다.
▶ 연우의 키는 지원이보다 막대 2개 길이만큼 더 큽니다.
▶ 이수의 키는 연우보다 막대 1개 길이만큼 더 큽니다.
▶ 희수의 키는 이수보다 막대 2개 길이만큼 더 작습니다.

지원   이수   희수   연우

3 지원, 연우, 이수, 희수 4명의 친구들이 제자리 멀리뛰기를 했습니다. 다음 대화를 읽고 각 친구들의 위치를 찾아 모래판 위에 이름을 써 보세요.

▶ 이수는 지원이보다 20cm를 더 뛰었습니다.
▶ 연우는 이수보다 30cm 덜 뛰었습니다.
▶ 지원이는 1m 20cm를 뛰었습니다.
▶ 희수가 연우보다 30cm 덜 뛰었습니다.

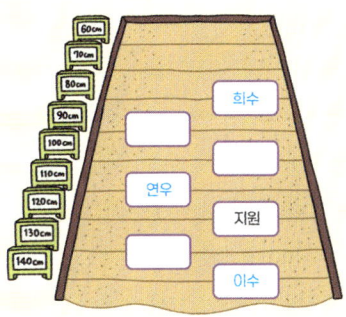

4 [보기]와 같이 문제를 읽고 길이에 관한 문제를 풀어 보세요.

보기

20/21

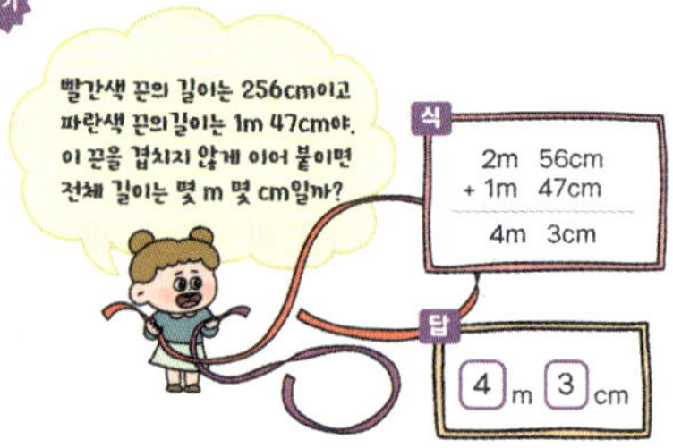

빨간색 끈의 길이는 256cm이고 파란색 끈의 길이는 1m 47cm야. 이 끈을 겹치지 않게 이어 붙이면 전체 길이는 몇 m 몇 cm일까?

식

$$\begin{array}{r} 2\text{m}\ \ 56\text{cm} \\ +\ 1\text{m}\ \ 47\text{cm} \\ \hline 4\text{m}\ \ \ 3\text{cm} \end{array}$$

답 [4] m [3] cm

❷ 다흥이는 4m 56cm의 리본을 가지고 있어. 이 중 상자를 포장하기 위해 2m 47cm를 이용했다면 남은 리본의 길이는 얼마일까?

답 [2] m [9] cm

❶ 운동장의 가로는 5m 89cm이고 세로는 3m 29cm야. 운동장의 가로와 세로 길이의 차이는 얼마일까?

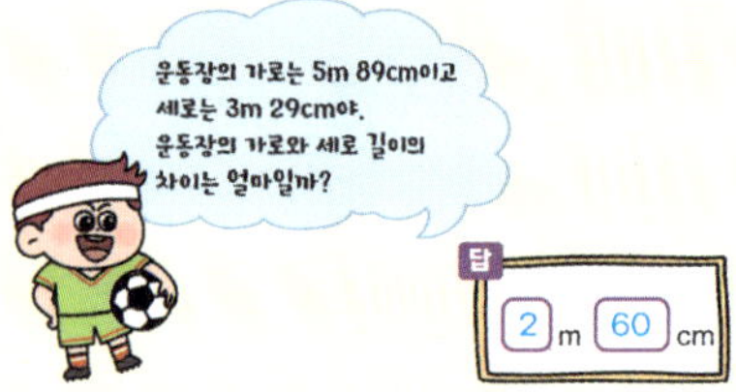

답 [2] m [60] cm

❸ 엄마 기린의 키는 5m 5cm이고 아기 기린의 키는 173cm야. 엄마 기린과 아기 기린의 키의 합은 얼마일까?

답 [6] m [78] cm

길고 짧고를 비교해요

월   일

1 길이 막대를 이용하면 [보기]와 같이 여러 길이를 잴 수 있습니다. 막대 그림을 그려 여러 가지 길이를 재어 보세요.

보기

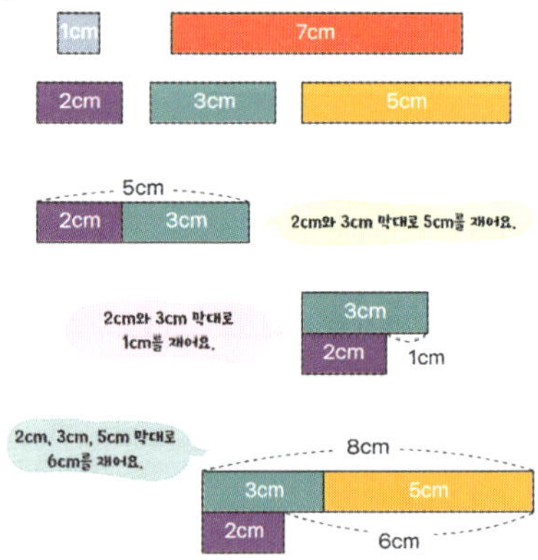

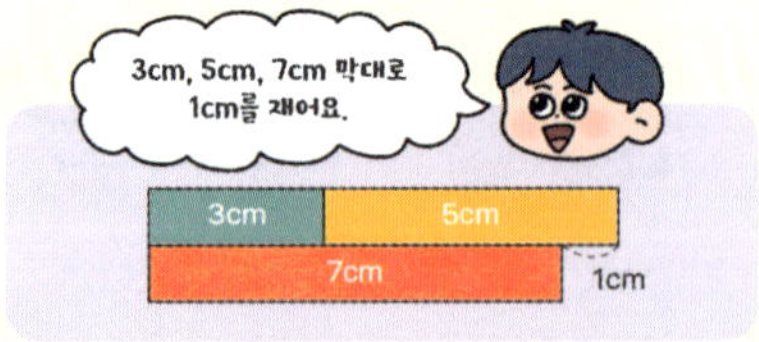

22/23

1cm
7cm
2cm   3cm   5cm

┈┈ 5cm ┈┈
2cm   3cm
2cm와 3cm 막대로 5cm를 재어요.

2cm와 3cm 막대로 1cm를 재어요.
3cm
2cm   1cm

2cm, 3cm, 5cm 막대로 6cm를 재어요.
┈┈┈ 8cm ┈┈┈
3cm   5cm
2cm   6cm

❶ (예)
2cm와 3cm 막대로 7cm를 재어요. 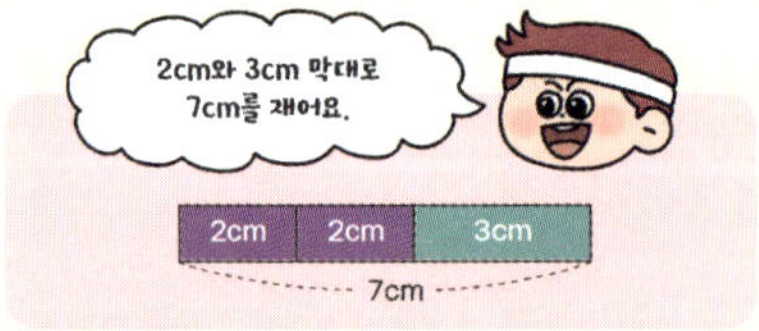
2cm   2cm   3cm
┈┈┈ 7cm ┈┈┈

❷
1cm, 3cm, 5cm 막대로 7cm를 재어요. 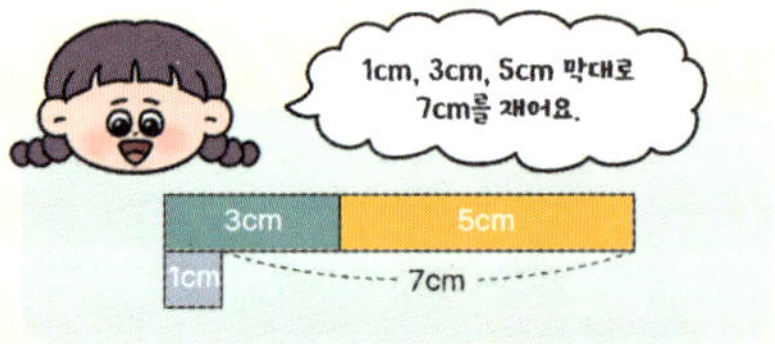
3cm   5cm
1cm   ┈┈ 7cm ┈┈

❸
3cm, 5cm, 7cm 막대로 1cm를 재어요.
3cm   5cm
7cm   1cm

2 빨간선에서 동시에 공을 던져 공이 떨어진 곳에 깃발을 꽂았습니다. 각 친구들의 기록을 구해 빈칸에 알맞은 수를 써 보세요.

❶

서진
이안
1m 3cm
72cm
1m 58cm
시윤

서진	103	cm
이안	189	cm
시윤	261	cm

❷

서진
재희
2m 63cm
78cm
1m 17cm
이안

서진	185	cm
재희	263	cm
이안	302	cm

24/25

넓이를 살펴요

월   일

1 다람쥐 3마리가 [보기]와 같이 땅 위에 자기 집을 짓고, 집 테두리에 울타리를 쳤습니다.

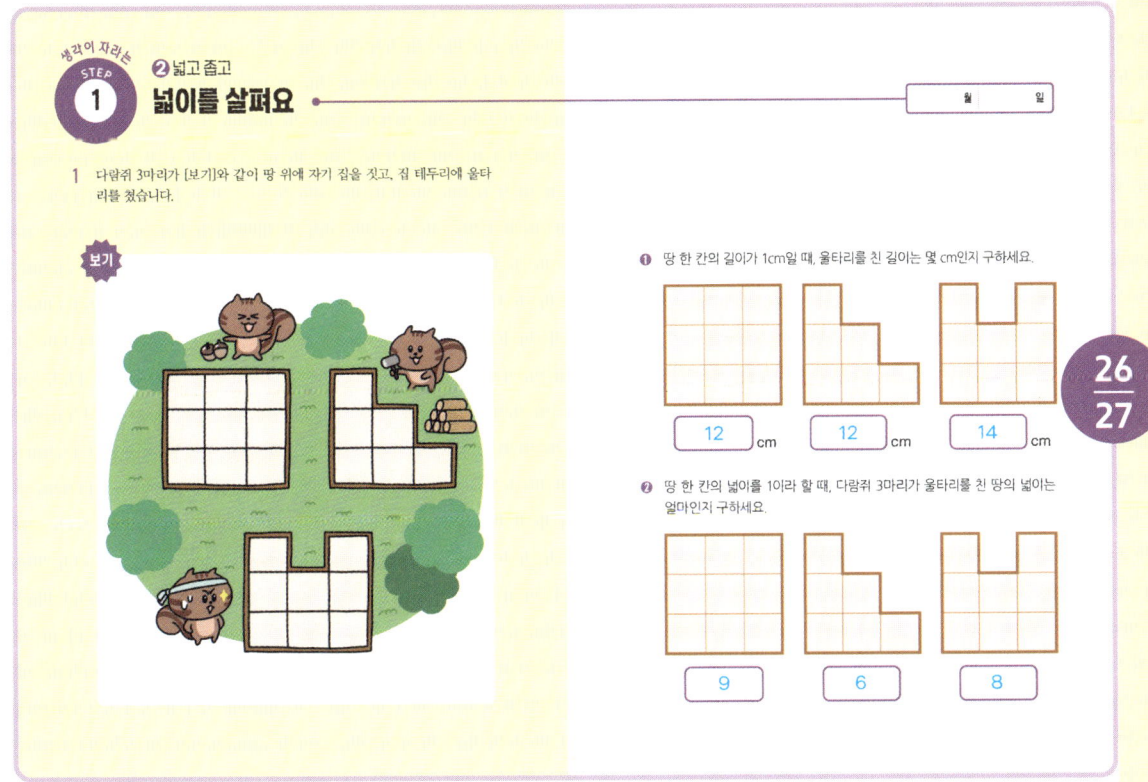

보기

❶ 땅 한 칸의 길이가 1cm일 때, 울타리를 친 길이는 몇 cm인지 구하세요.

| 12 | cm | 12 | cm | 14 | cm |

❷ 땅 한 칸의 넓이를 1이라 할 때, 다람쥐 3마리가 울타리를 친 땅의 넓이는 얼마인지 구하세요.

| 9 | 6 | 8 |

26/27

얼마나 넓고 좁은지 알아요

1 모눈 한 칸 ☐의 넓이를 1이라 할 때, 색칠한 모양의 넓이는 얼마인지 구하세요.

❶

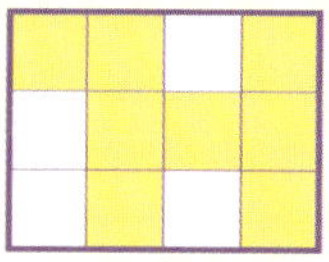

8

❷

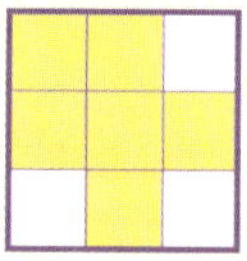

6

3 모눈 한 칸 ☐의 넓이를 1이라 할 때, 색칠한 모양의 넓이는 얼마인지 구하세요.

❶

5

❷

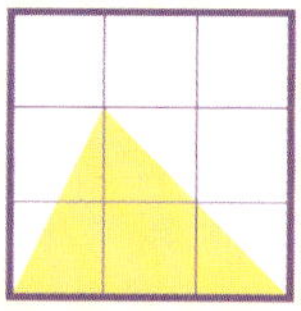

3

2 모눈 한 칸 ☐의 넓이를 1이라 할 때, 색칠한 삼각형의 넓이는 얼마인지 구하세요.

❶

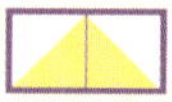

1

❷

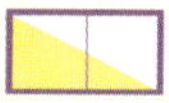

1

❸

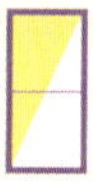

1

❸

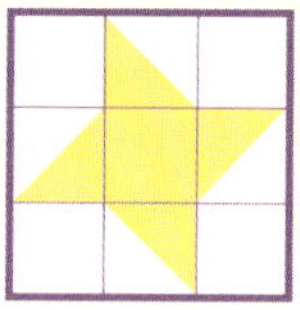

3

❹

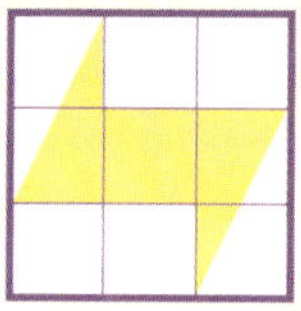

3

---

4 두 사람이 색종이로 만든 작품을 보고 색종이를 더 많이 이용한 사람을 찾아 ○표 해 보세요.

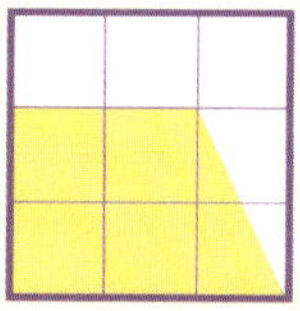

❶ 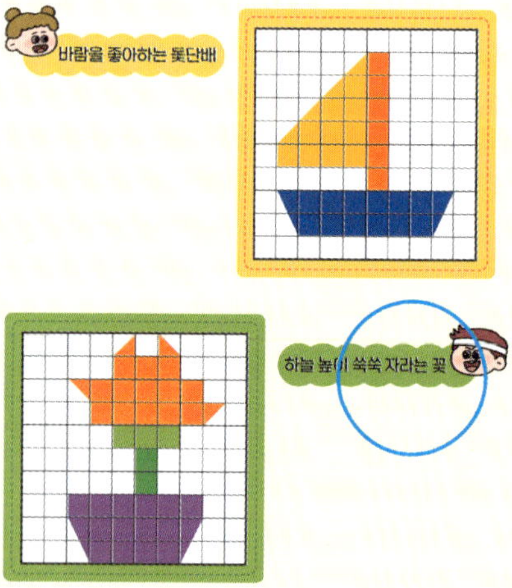 바람을 좋아하는 돛단배

하늘 높이 쑥쑥 자라는 꽃

❷ 꿈을 품은 희망 나무

뾰족 뾰족 가시가 달린 연

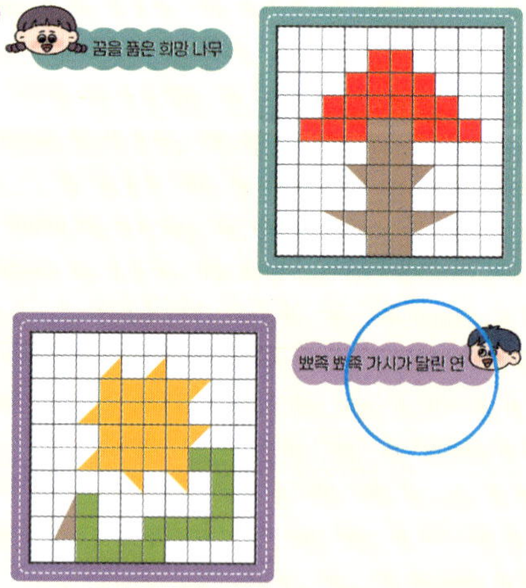

같은 넓이의 다른 모양을 찾아요

1 다음 도형과 넓이가 같고 모양이 다른 도형을 5개 그리세요.

❶ (예)

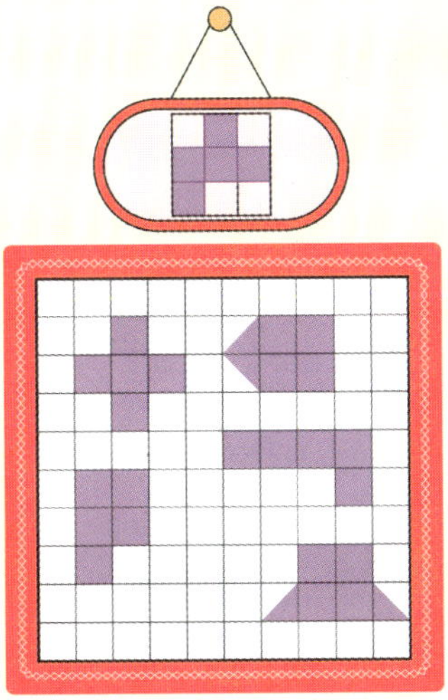

❷ (예)

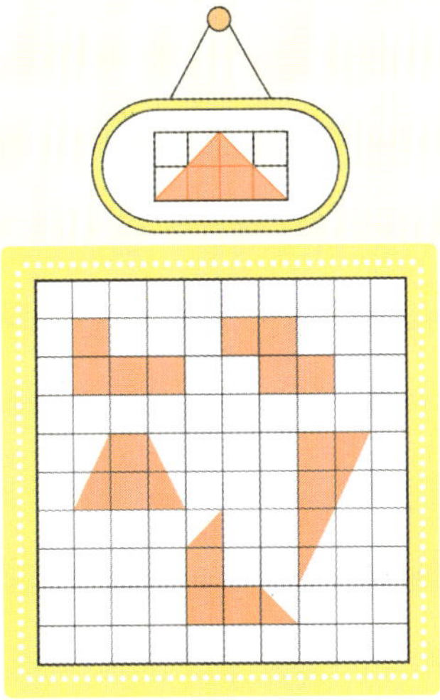

❸ 무겁고 가볍고
누가 더 무거울까?

1 저울을 이용해 동물들의 무게를 비교했습니다. 무거운 동물부터 순서대
로 빈칸에 1, 2, 3을 써 보세요.

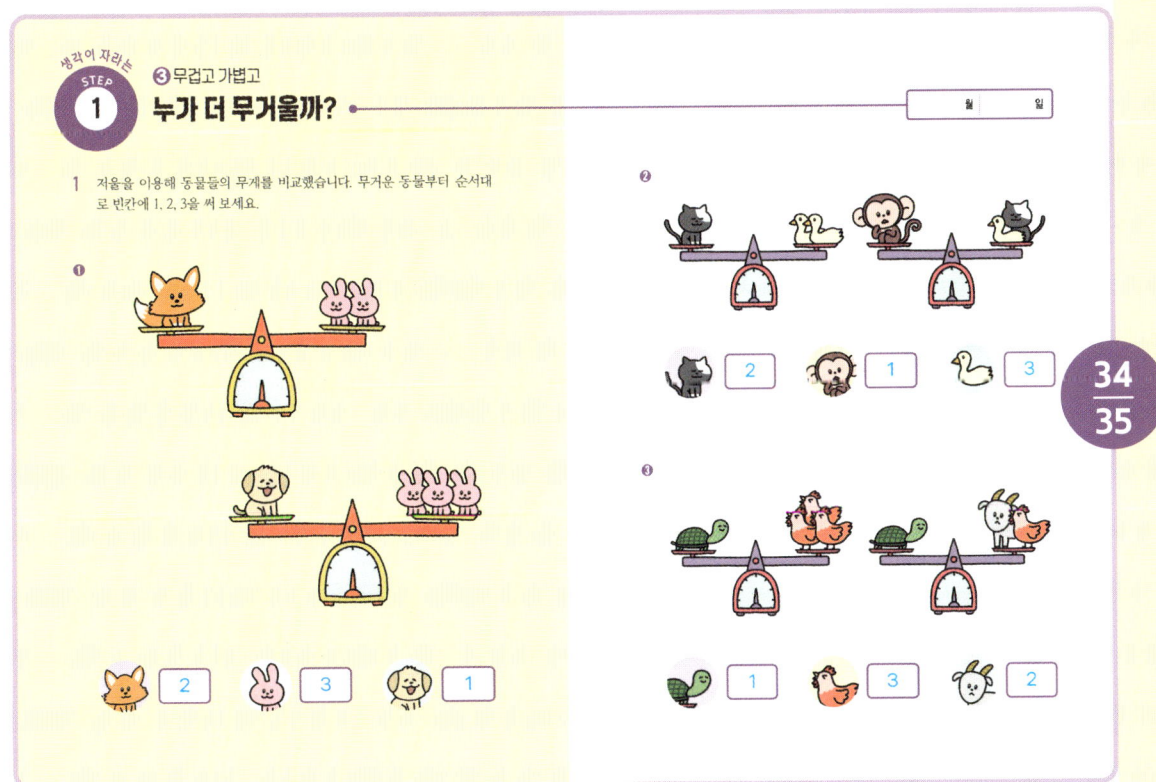

❶

❷

❸

❶ 🦊 2   🐰 3   🐶 1

❷ 🐱 2   🐵 1   🦆 3

❸ 🐢 1   🐔 3   🐐 2

143

몇 개만큼 무거울까?

1 저울이 수평이 되도록 오른쪽 접시에 놓아야 할 과일의 개수를 빈칸에 써 보세요.

❶

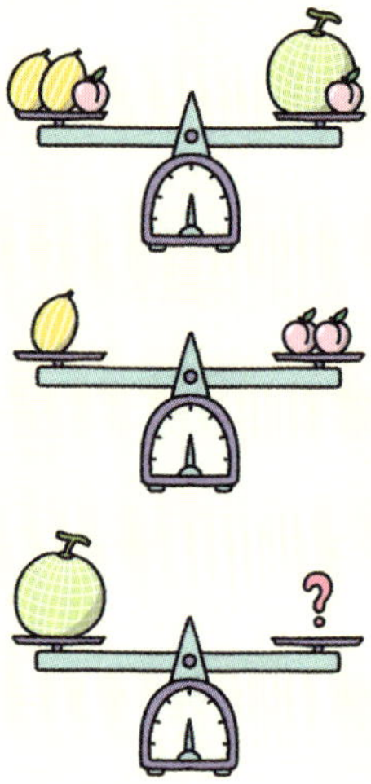

복숭아 [4] 개

❷

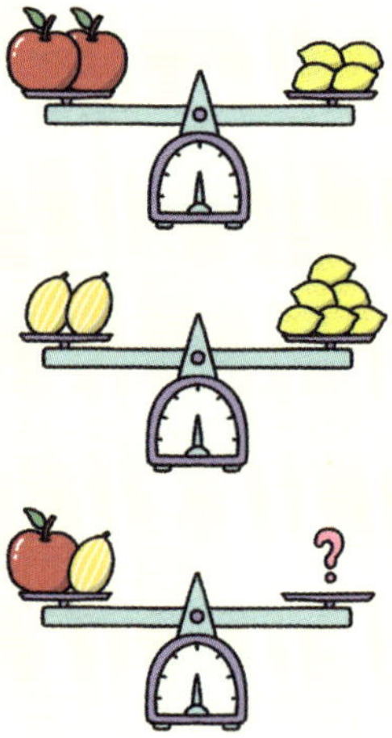

레몬 [5] 개

❸

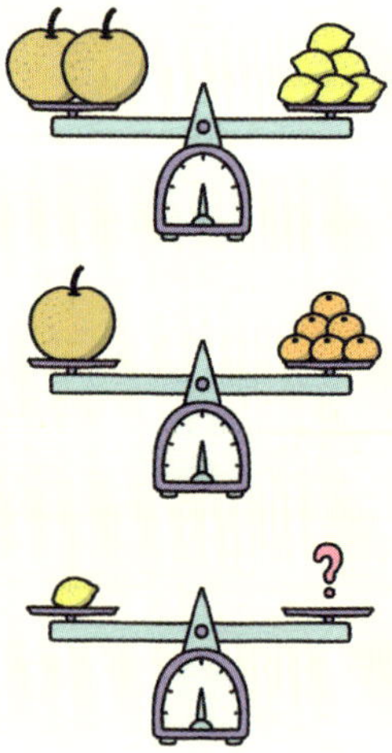

귤 [2] 개

❹

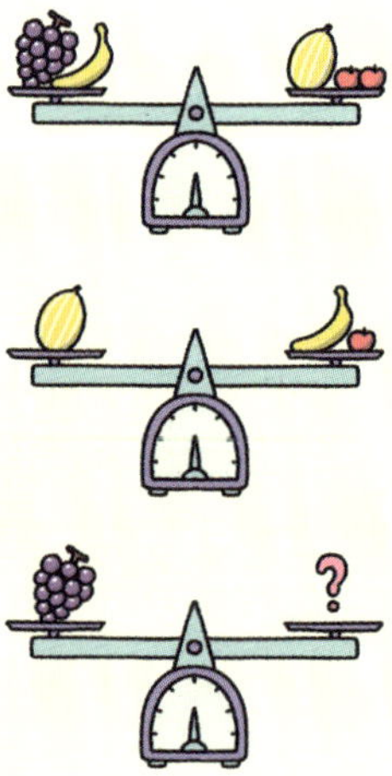

자두 [3] 개

36/37

38/39

144

창의력이 샘솟는

여러 물건의 무게를 함께 비교해요

1 다음 1kg, 3kg, 4kg짜리 추 1개씩과 저울을 이용해 쌀의 무게를 잰 결과입니다. [보기]와 같이 빈칸에 알맞은 수를 써 보세요.

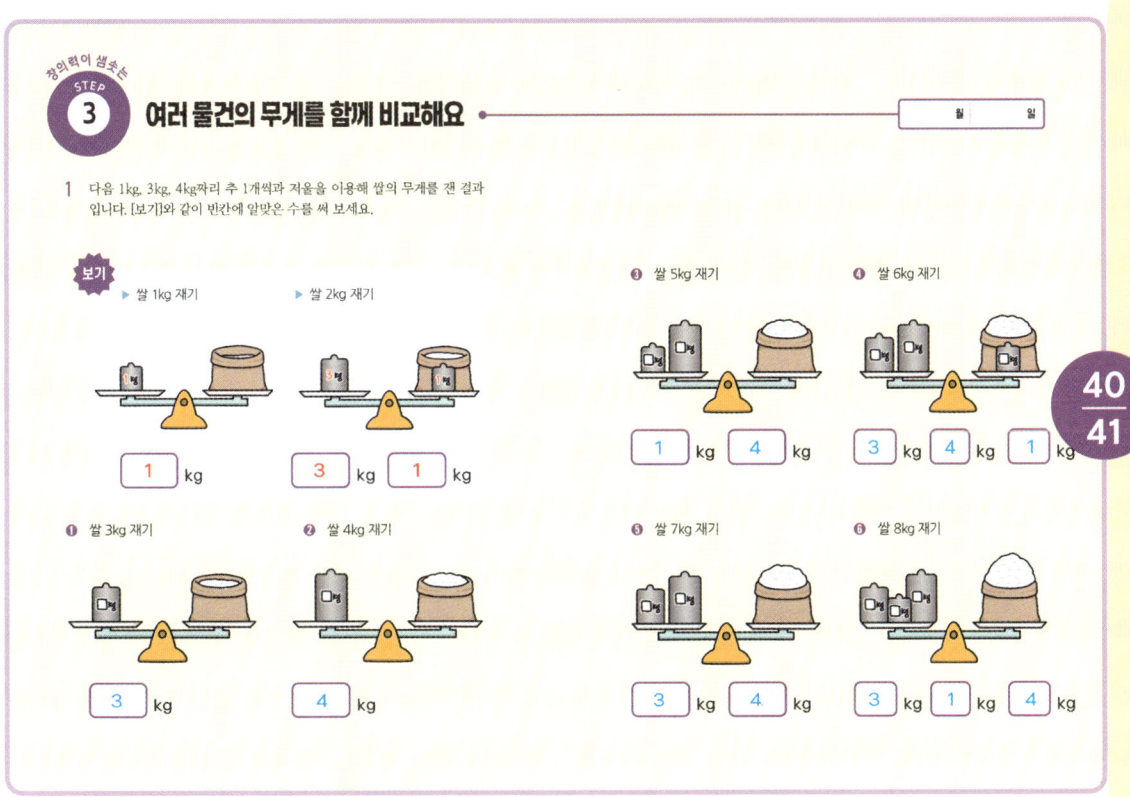

보기
▶ 쌀 1kg 재기

▶ 쌀 2kg 재기

$\boxed{1}$ kg

$\boxed{3}$ kg $\boxed{1}$ kg

❸ 쌀 5kg 재기

$\boxed{1}$ kg $\boxed{4}$ kg

❹ 쌀 6kg 재기

$\boxed{3}$ kg $\boxed{4}$ kg $\boxed{1}$ kg

❶ 쌀 3kg 재기

$\boxed{3}$ kg

❷ 쌀 4kg 재기

$\boxed{4}$ kg

❺ 쌀 7kg 재기

$\boxed{3}$ kg $\boxed{4}$ kg

❻ 쌀 8kg 재기

$\boxed{3}$ kg $\boxed{1}$ kg $\boxed{4}$ kg

생각이 자라는
STEP 1

❹ 시간과 시각을 알아요

시계를 읽어요

1 시계가 나타내는 시각을 여러 가지 방법으로 표현할 수 있습니다. 같은 시각을 나타내는 것끼리 짝을 지어 $\boxed{}$ 안에 번호를 써 보세요.

3시55분
3:55
4시5분 전

시계는 시를 나타내는 짧은 바늘 시침이 있고,

분을 나타내는 긴 바늘 분침이 있어.

시각을 다양하게 표현할 수 있어.

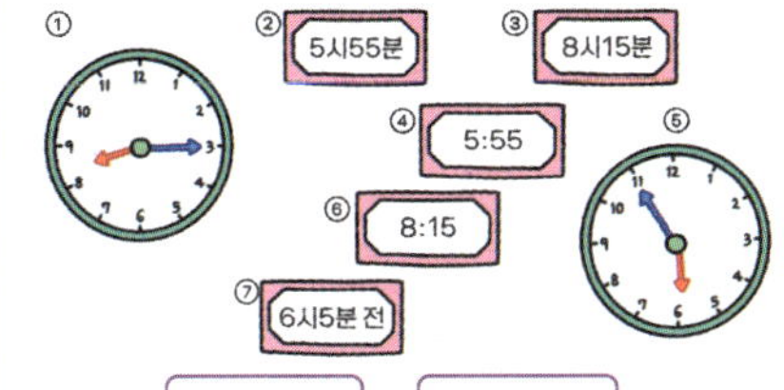

① ② 5시55분 ③ 8시15분
④ 5:55 ⑥
⑥ 8:15
⑦ 6시5분 전

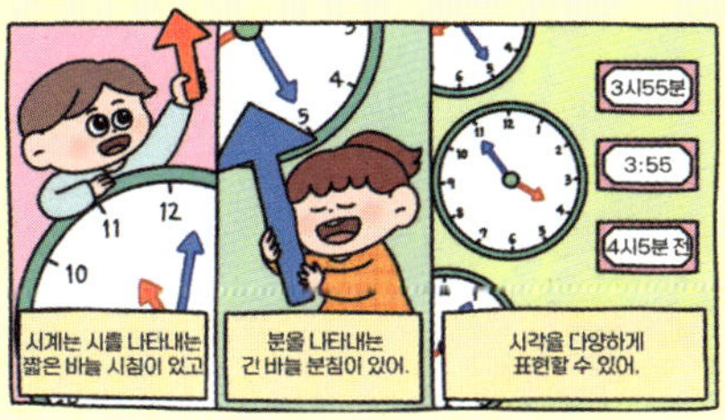

① , ③ , ⑥ 　　② , ④ , ⑤ , ⑦

2 [보기]에서 시각을 나타내는 것을 골라 빈칸에 번호를 써 보세요.

보기 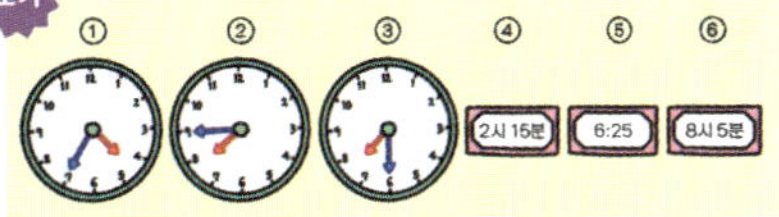
① ② ③ ④ ⑤ ⑥
2시 15분　6:25　8시 5분

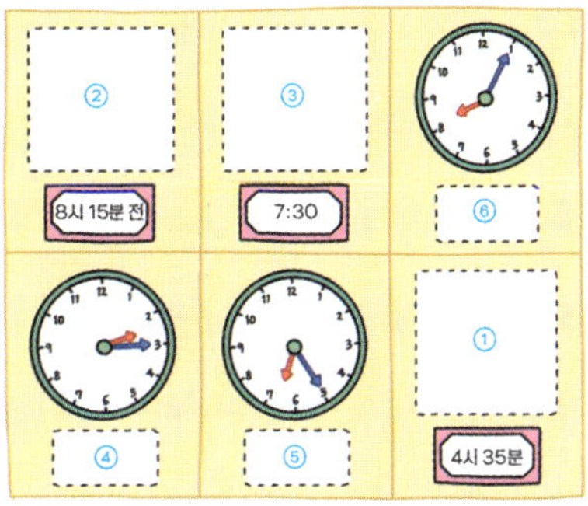

②	③	
8시 15분 전	7:30	⑥
④	⑤	①
		4시 35분

3 밤 12시부터 낮 12시까지의 시간을 오전이라 하고, 낮 12시부터 밤 12시까지의 시간을 오후라고 합니다. 상황에 어울리는 말을 찾아 써 보세요.

오전   오후

우리 식구들은 아침 먹기 전 매일 오전 7시에 달리기를 해요.

지호와 친구들은 오후 3시에 놀이터에서 놀아요.

오후 9시가 되니 빌딩의 조명이 화려해요.

오전 5시에 아침 해가 떠오르고 있어요.

4 낮 12시는 정오, 밤 12시는 자정이라고도 합니다. 상황에 어울리는 말을 찾아 써 보세요.

정오   자정

매년 12월 31일 자정 에 새해를 맞이하며 보신각에서 종을 치는 행사를 해요.

서원이네 학교는 매일 정오 에 점심을 먹어요.

시간과 시각을 구별해요

1 지원이네 가족이 여름 휴가를 떠났습니다. 지원이네 가족의 휴가 이야기를 보고 빈칸에 '시각'과 '시간'을 구분하여 써 보세요.

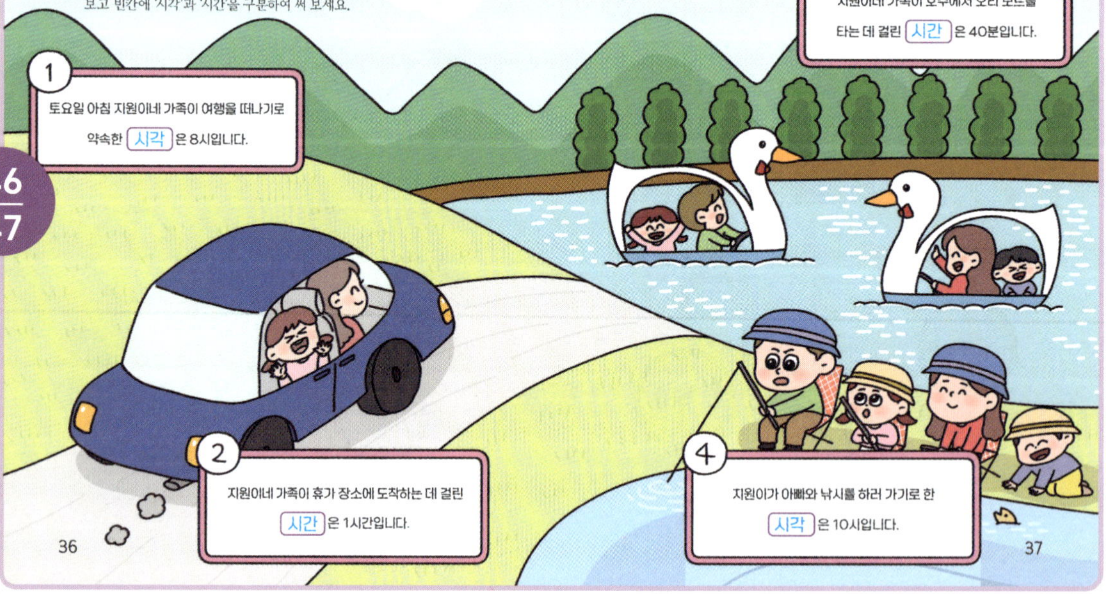

1 토요일 아침 지원이네 가족이 여행을 떠나기로 약속한 시각 은 8시입니다.

2 지원이네 가족이 휴가 장소에 도착하는 데 걸린 시간 은 1시간입니다.

3 지원이네 가족이 호수에서 오리 보트를 타는 데 걸린 시간 은 40분입니다.

4 지원이가 아빠와 낚시를 하러 가기로 한 시각 은 10시입니다.

36   37

2 시우의 방학 생활 계획표를 보고 빈칸에 알맞은 말 또는 수를 써 보세요.

방학 생활 계획표

잠자기를 제외하고
시우가 오후에 하는 활동은
9 가지 입니다.

시우는
오후 6시부터
오후 7시30분까지
90 분 동안
운동을 합니다.

시우는
오후 10시부터
오전 7시까지
잠을 잡니다.

시우가 책 읽기를 마치는
시각 은 오전 10시입니다.

48
49

3 지호는 오전 8시에 일어나 15분 뒤에 아침 식사를 했습니다. 아침 식사를
시작한 시각을 시계에 그리세요.

4 은우는 오후 3시 10분부터 45분 동안 동화책을 읽었습니다. 동화책을 다
읽은 시각을 시계에 그리세요.

5 지금은 오후 5시입니다. 연우는 40분 전에 숙제를 끝냈습니다. 연우가 숙
제를 끝낸 시각을 시계에 그리세요.

6 형은 오후 7시 30분에 집에 왔습니다. 정원이는 형이 오기 50분 전에 저녁
을 다 먹었습니다. 정원이가 저녁 식사를 마친 시각을 시계에 그리세요.

50
51

147

시각을 읽고 시간을 계산해요

1 시우와 은우가 함께 영화를 보기로 했습니다. 다음 물음에 답하세요.

52 / 53

❶ 시우와 은우는 영화관에서 오전 11시 20분에 만나기로 약속했습니다. 시우는 약속 시각보다 15분 먼저 도착했고, 은우는 약속 시각보다 20분 늦게 도착했다면 시우가 은우를 기다린 시간은 얼마인지 구하세요.

[35] 분

❷ 시우와 은우가 보려고 하는 영화의 시간표입니다. 영화가 시작해서 끝날 때까지 걸린 시간은 얼마인지 구하세요.

회차	영화 시작	영화 종료
1	오전 9:00	오전 11:10
2	오전 11:30	오후 1:40
3	오후 2:00	오후 4:10
4	오후 4:30	오후 6:40

[2] 시간 [10] 분

❸ 시우와 은우는 3회차 영화표를 샀습니다. 표를 사고 1시간 50분 뒤에 영화를 보기 시작했습니다. 표를 구입한 시각은 오후 몇 시 몇 분인지 구하세요.

오후 [12] 시 [10] 분

2 지우네 가족이 수족관에 갔습니다. 다음 물음에 답하세요.

54 / 55

❶ 지우네 가족이 수족관에 도착한 시각은 오전 11시 50분입니다. 가장 빨리 입장할 수 있는 시각까지 기다려야 하는 시간은 얼마일까요?

[1] 시간 [40] 분

❷ 돌고래 쇼는 40분 동안 공연을 하고 40분 동안 쉽니다. 빈칸에 알맞은 시각을 써넣어 시간표를 완성해 보세요.

돌고래 쇼 공연 시간표

회차	시작 시각	끝나는 시각
1	11 : 30	12 : 10
2	12 : 50	1 : 30
3	2 : 10	2 : 50
4	3 : 30	4 : 10

❸ 지우네 가족이 공연장에 도착한 시각은 오후 2시 35분입니다. 가장 빨리 관람할 수 있는 공연 시작 시각까지 기다려야 하는 시간은 얼마인지 구하세요.

[55] 분

달력을 읽을 수 있어요 ●————————————————————— 월 　 일

1 서원이의 생일은 9월 20일입니다. 서원이가 태어난 해의 9월 1일은 금요일
이었습니다. 다음 물음에 답하세요.

❶ 서원이가 태어난 해의 9월 달력을 완성해 보세요.

9월 September

일	월	화	수	목	금	토
					1	2
3	4	5	6	7	8	9
10	11	12	13	14	15	16
17	18	19	20	21	22	23
24	25	26	27	28	29	30

❷ 일주일은 며칠인지 써 보세요.

[7] 일

❸ 9월의 날수는 며칠인지 써 보세요.

[30] 일

❹ 9월의 마지막 날은 무슨 요일인지 써 보세요.

[토] 요일

❺ 서원이의 생일은 무슨 요일인지 써 보세요.

[수] 요일

56/57

년과 월과 일을 알아요 ●————————————————————— 월 　 일

1 어느 해의 달력입니다. 다음 물음에 답하세요.

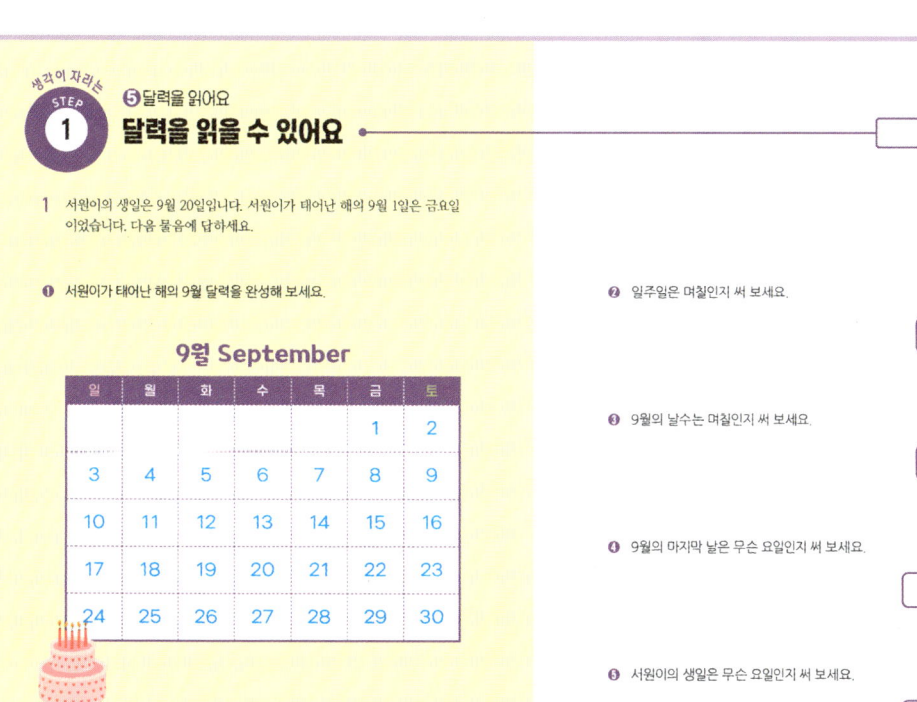

1월 January　2월 February　3월 March
4월 April　5월 May　6월 June
7월 July　8월 August　9월 September
10월 October　11월 November　12월 December

❶ 1년은 몇 월부터 몇 월까지 있는지 써 보세요.

[1] 월 부터 [12] 월 까지

❷ 1년은 모두 몇 개월인지 써 보세요.

[12] 개월

❸ 각 월은 며칠인지 표에 써 보세요.

1월	2월	3월	4월	5월	6월
31 일	28 일	31 일	30 일	31 일	30 일
7월	8월	9월	10월	11월	12월
31 일	31 일	30 일	31 일	30 일	31 일

손을 이용하여 각 달의 날수를 알아내는 방법

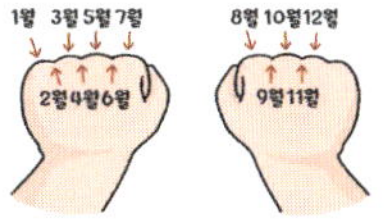

1월 3월 5월 7월　8월 10월 12월
2월 4월 6월　9월 11월

▶ 볼록한 부분은 한 달이 31일
▶ 오목한 부분은 한 달이 30일
▶ 2월은 오목한 부분이지만,
　예외적으로 한 달이 28일
　또는 29일입니다.

58/59

2 달력을 보고 다음 물음에 답하세요. 단, 오늘을 기준으로 내일부터 날짜를 세었습니다.

❷

도연이는 지난 5월 21일에 있었던 생일 파티에서 곰 인형을 선물 받았습니다. 생일 파티가 끝난지 벌써 2주 3일이 지났다면 오늘은 몇 월 며칠일까요?

6 월 　 7 일

❶

성연이는 다음 달 7일에 있을 축구 대회 연습 중입니다. 오늘이 4월 15일 일 때, 앞으로 대회까지는 몇 주 며칠이 남았을까요?

3 주 　 1 일

❸

정환이는 지난 주 수요일부터 수학 동화책을 읽기 시작해서 총 8일 동안 모두 읽었습니다. 지난 주 수요일이 6월 18일이라면 오늘은 며칠일까요?

6 월 　 25 일

달력을 보며 날짜를 계산해요

월 　 일

1 이수가 다니고 있는 초등학교의 2학기 방과 후 수업 프로그램입니다. 아래 달력을 보고 물음에 답하세요.

프로그램	시작하는 날	수업 요일	횟수
음악 줄넘기	9월 2일	매주 화, 목요일	12회
체스	9월 10일	매월 둘째, 넷째 수요일	6회
사물놀이	9월 20일	매주 토요일	10회
바이올린	10월 6일	매주 월요일	8회

❶ 9월에 음악 줄넘기를 하는 날은 모두 며칠인지 구하세요.

9 일

❷ 10월에 체스를 하는 날의 날짜를 모두 써 보세요.

10 월 　 8 일,
10 월 　 22 일

❸ 이수가 방과 후 수업으로 사물놀이를 선택해서 9월 20일부터 수업을 들었습니다. 사물놀이 수업이 끝나는 날은 몇 월 며칠인지 써 보세요.

11 월 　 22 일

❹ 이수가 방과 후 수업으로 바이올린을 선택해서 10월 6일부터 수업을 들었습니다. 바이올린 수업이 끝나는 날은 몇 월 며칠인지 써 보세요.

11 월 　 24 일

창의력이 샘솟는 STEP 3

월 일

2 다음은 고양이가 태어나서 자라는 성장 과정의 일부입니다. 오른쪽 내용을 보고 물음에 답하세요.

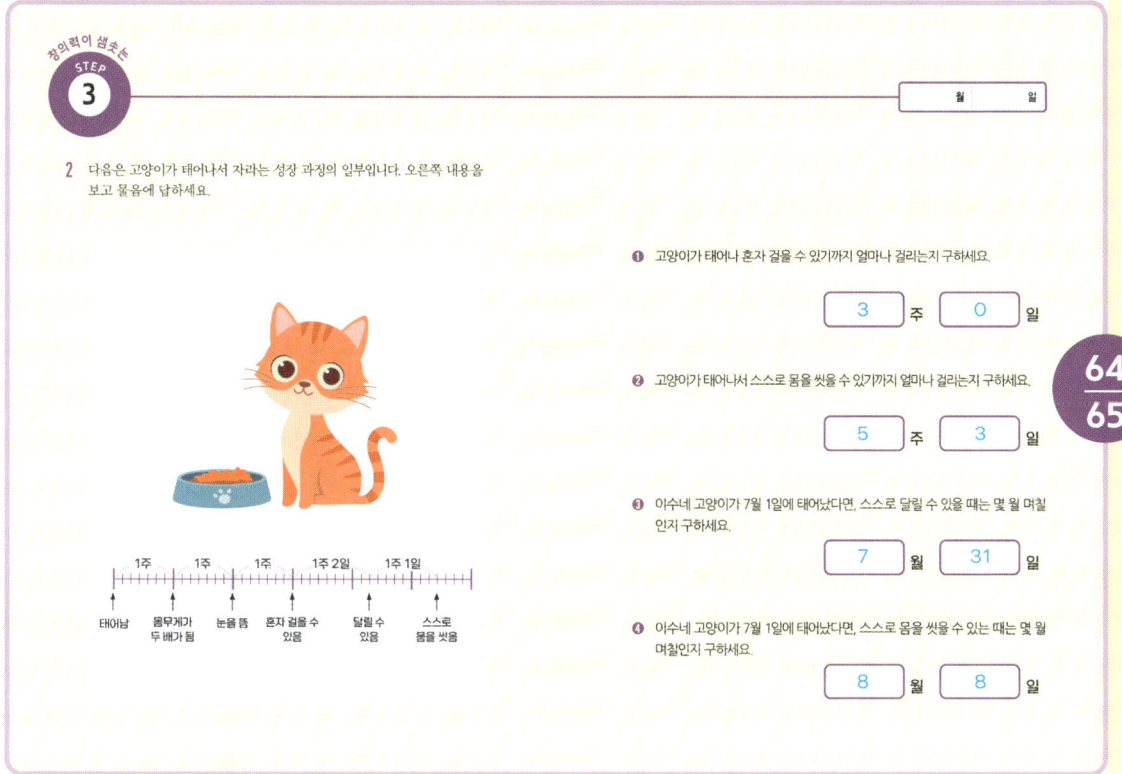

❶ 고양이가 태어나 혼자 걸을 수 있기까지 얼마나 걸리는지 구하세요.

3 주 0 일

❷ 고양이가 태어나서 스스로 몸을 씻을 수 있기까지 얼마나 걸리는지 구하세요.

5 주 3 일

❸ 이수네 고양이가 7월 1일에 태어났다면, 스스로 달릴 수 있을 때는 몇 월 며칠인지 구하세요.

7 월 31 일

❹ 이수네 고양이가 7월 1일에 태어났다면, 스스로 몸을 씻을 수 있는 때는 몇 월 며칠인지 구하세요.

8 월 8 일

64
65

생각이 자라는 STEP 1

❶같고 다르고

무엇이 같고 무엇이 다를까?

월 일

1 토토와 몽몽이가 그린 구슬의 공통점을 모두 찾아 번호를 써 보세요.

❶

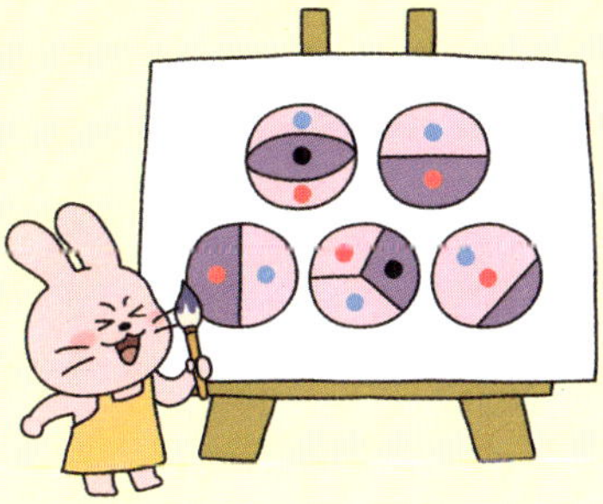

① 분홍색이 있다. ② 원이 모두 2개이다.
③ 파란색 원이 있다. ④ 빨간색 원이 있다.
⑤ 검은색 원이 있다. ⑥ 보라색이 있다.

①, ③, ④, ⑥

❷

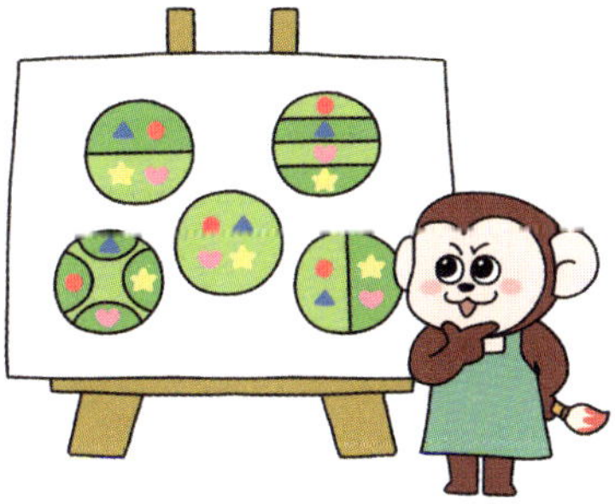

① 빨간색 원이 있다. ② 초록색이 있다.
③ 파란색 하트가 있다. ④ 노란색 별이 있다.
⑤ 4가지 모양이 있다. ⑥ 파란색 삼각형이 있다.

①, ④, ⑤, ⑥

68
69

응용력이 커지는 STEP 2

어떤 점이 비슷할까?

월 일

70 / 71

1 공통점이 없는 카드 1장을 찾아 ○표 해 보세요.

❶

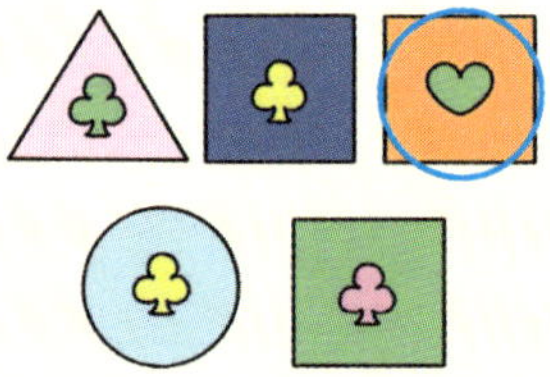

❷

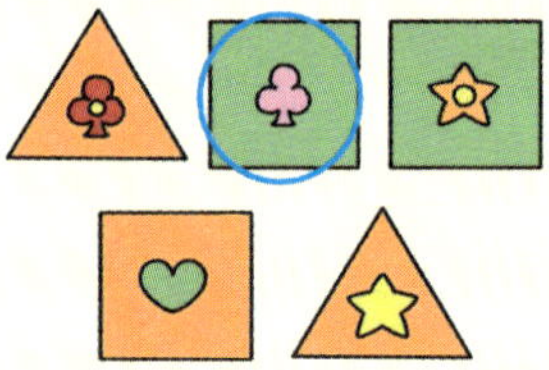

2 공통점이 없는 카드 2장을 찾아 ○표 해 보세요.

❶

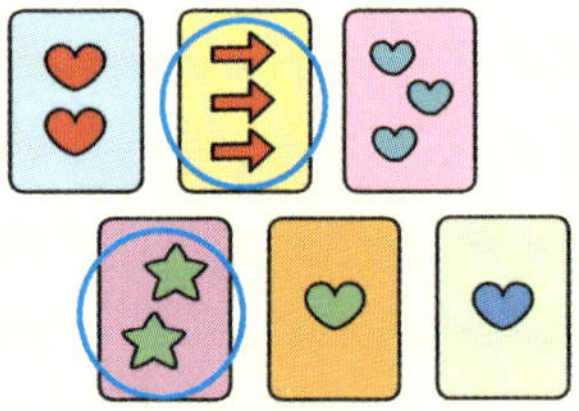

❷

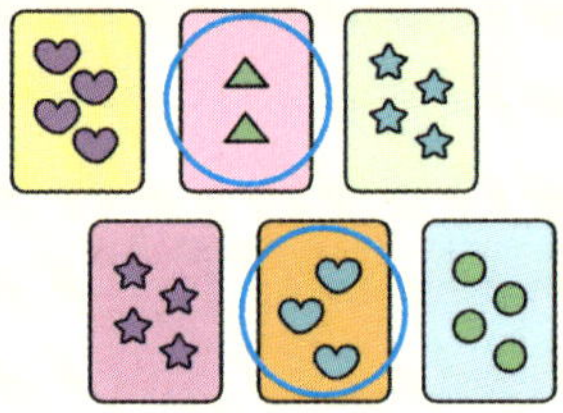

응용력이 커지는 STEP 2

월 일

72 / 73

3 다음 그림과 공통점이 있는 그림을 1개만 찾아 ○표 해 보세요.

❶

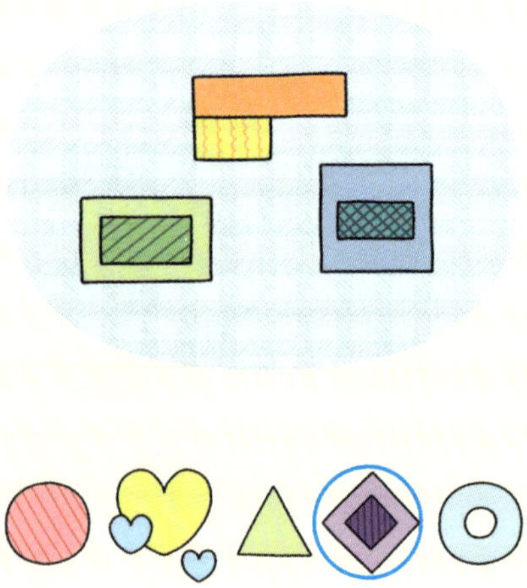

❷

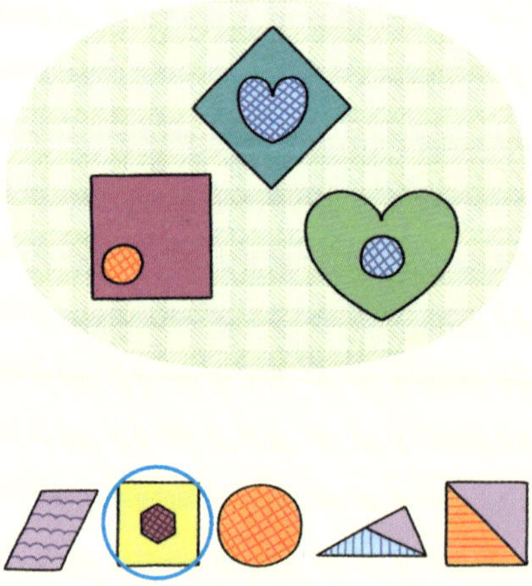

창의력이 샘솟는 STEP 3

비슷한 것끼리 묶어요

월 일

1 조각 천을 모아 이불을 만들려고 합니다. 조각 천을 보고 빈칸을 채워 공통점이 있는 조각끼리 모으세요.

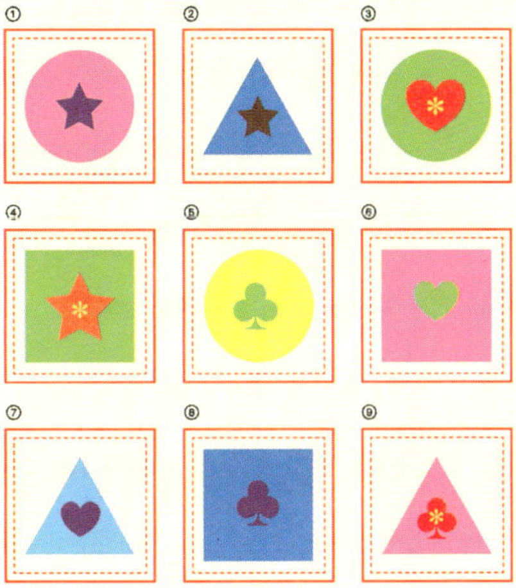

공통점	이불 조각의 번호
원	①, ③, ⑤
삼각형	②, ⑦, ⑨
사각형	④, ⑥, ⑧
별 모양	①, ②, ④
하트 모양	③, ⑥, ⑦
클로버 모양	⑤, ⑧, ⑨
꽃 모양	③, ④, ⑨
분홍색	①, ⑥, ⑨
보라색	①, ⑦, ⑧
연두색	③, ④, ⑤, ⑥

74
75

창의력이 샘솟는 STEP 3

월 일

2 가로, 세로, 대각선으로 3개의 조각을 공통점이 있도록 놓으려고 합니다. 공통점이 없는 줄을 하나 찾아 선을 그어 보세요.

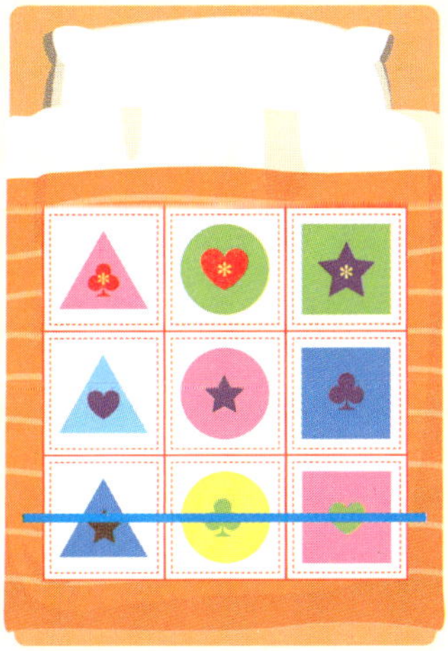

3 가로, 세로, 대각선 모두 공통점이 있도록 다음 조각이 들어갈 위치를 찾아 빈칸에 번호를 써 보세요.

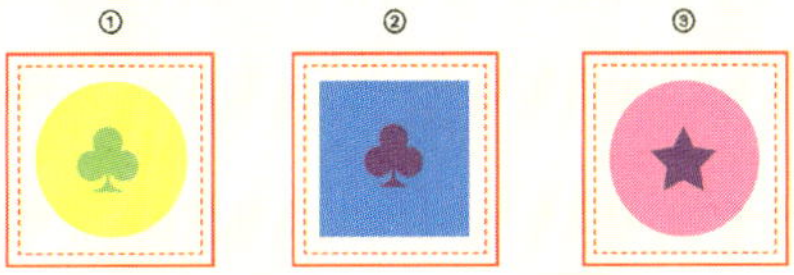

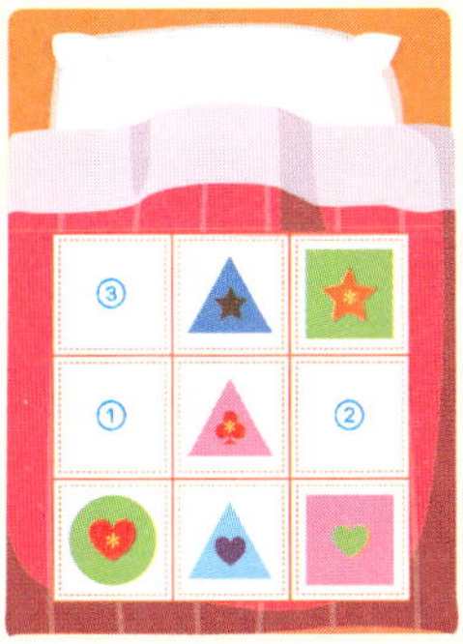

76
77

78
79

생각이 자라는 STEP 1

❷ 기준을 살펴요

기준에 따라 옷을 분류해요

월 일

1 우산 가게에서 우산을 팔고 있습니다. 다음 우산은 어느 칸에 정리할지 빈 칸에 번호를 써 보세요.

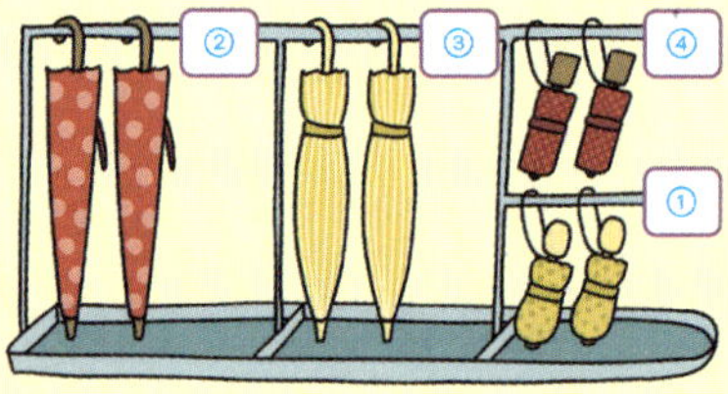

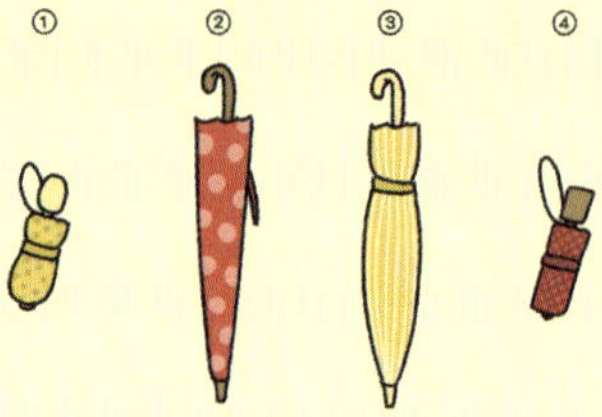

2 옷장을 옷 종류별로 정리하려고 합니다. 옷이 어느 칸에 들어가야 할지 번호를 써 보세요.

80
81

응용력이 커지는 STEP 2

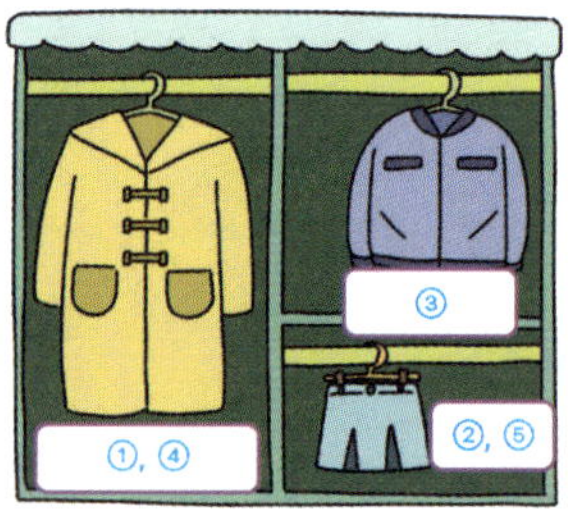

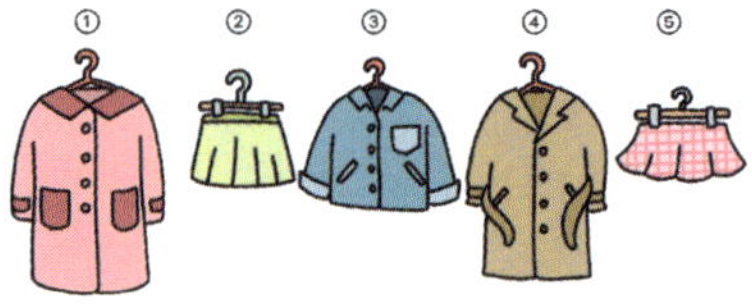

기준에 따라 구슬을 분류해요

월 일

1 분홍색 상자와 파란색 상자에 있는 구슬을 비교해 구슬의 특징을 표에 써 보세요.

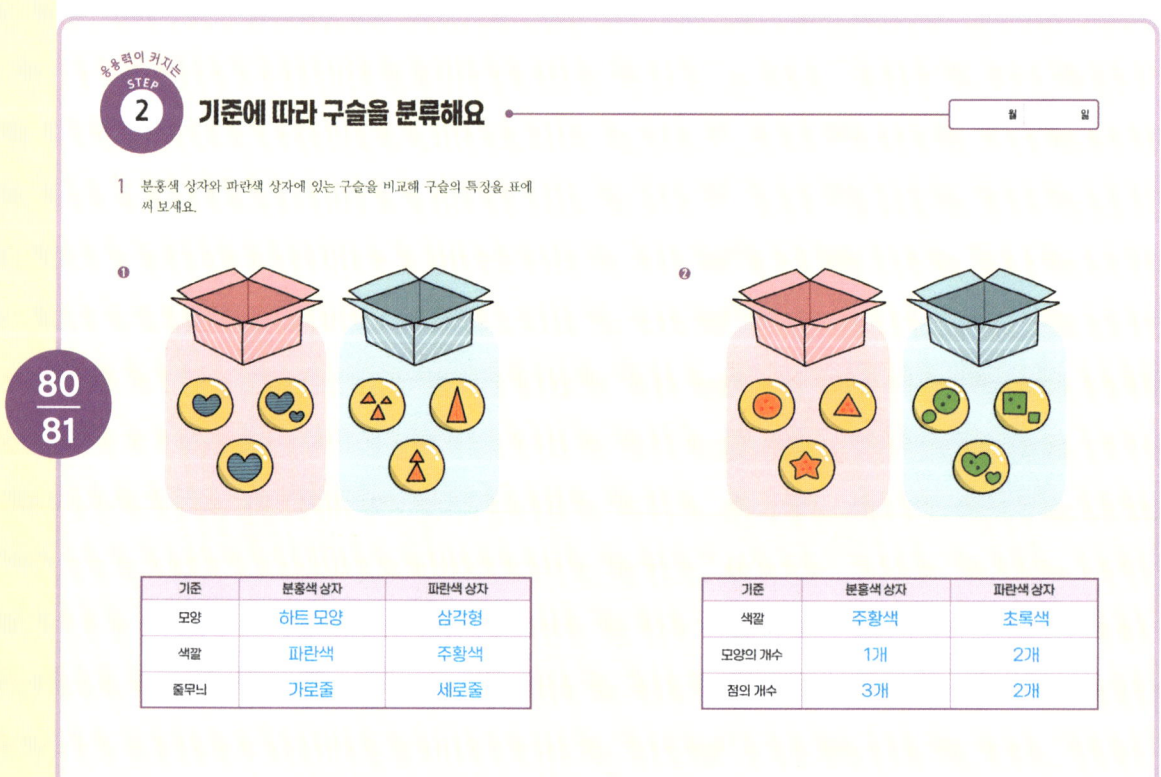

❶

기준	분홍색 상자	파란색 상자
모양	하트 모양	삼각형
색깔	파란색	주황색
줄무늬	가로줄	세로줄

❷

기준	분홍색 상자	파란색 상자
색깔	주황색	초록색
모양의 개수	1개	2개
점의 개수	3개	2개

응용력이 커지는 STEP 2

월 일

2 구슬 6개를 기준에 따라 두 개 또는 세 개의 상자에 나눠 담으려고 합니다. 빈칸에 알맞은 구슬의 번호를 써 보세요.

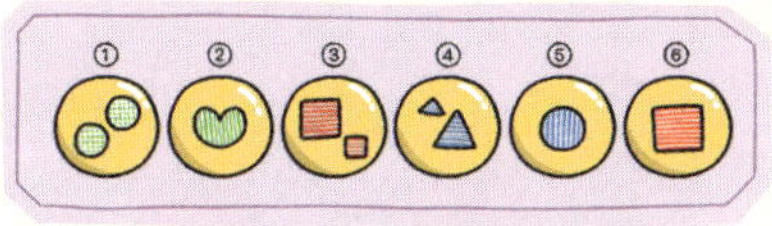

① ② ③ ④ ⑤ ⑥

❶ 기준 : 모양의 개수

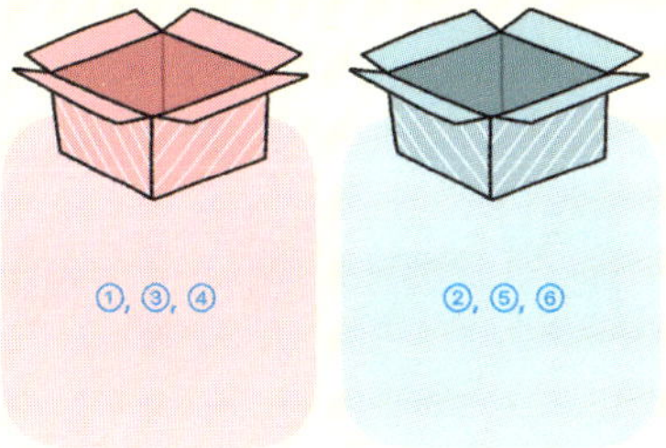

①, ③, ④
②, ⑤, ⑥

❷ 기준 : 모양의 무늬

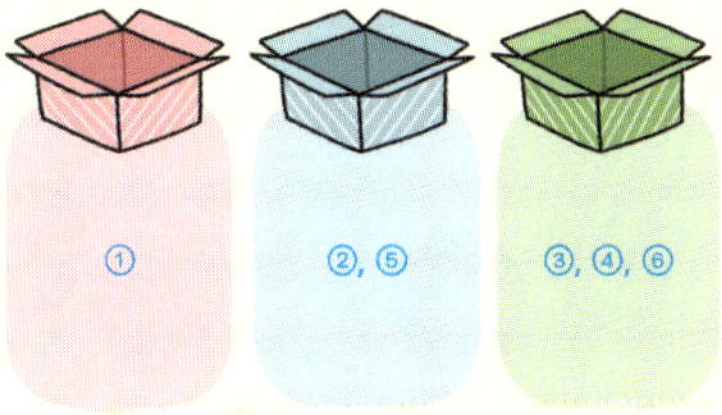

①
②, ⑤
③, ④, ⑥

❸ 기준 : 모양의 색깔

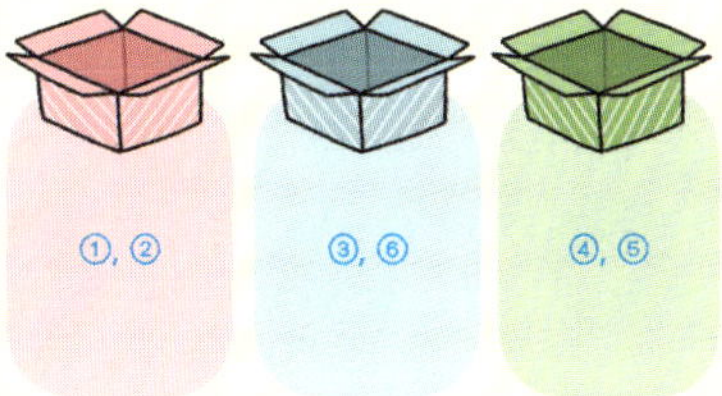

①, ②
③, ⑥
④, ⑤

82
83

응용력이 커지는 STEP 2

월 일

3 구슬 6개를 기준에 따라 두 개씩 상자에 나눠 담으려고 합니다. 구슬을 나눠 담은 기준을 찾아 ○표 해 보세요.

❶

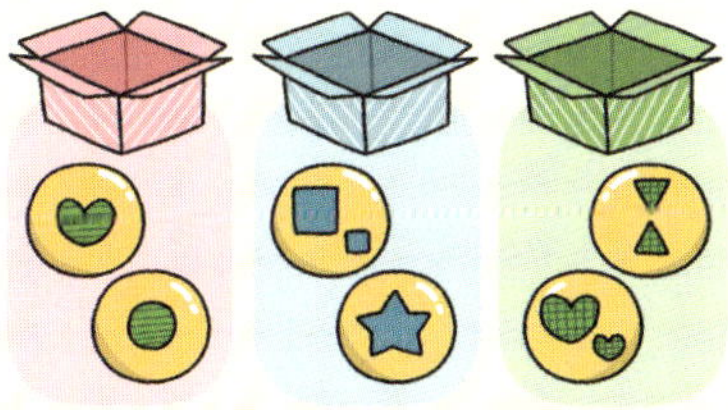

기준

모양의 색깔 / (모양의 무늬) / 모양의 개수 / 모양의 종류

❷

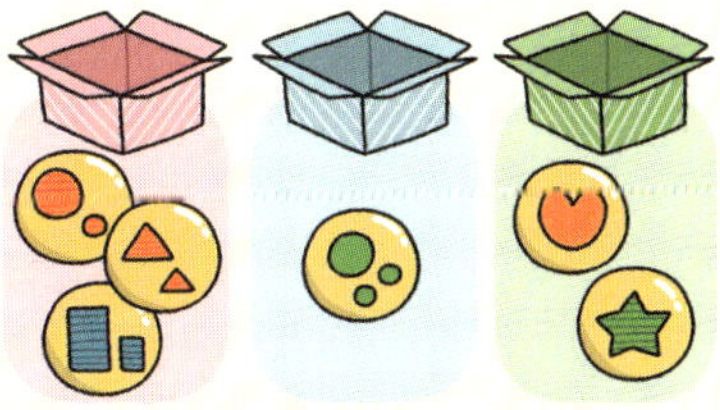

기준

모양의 색깔 / 모양의 종류 / (모양의 개수) / 모양의 무늬

84
85

창의력이 샘솟는
STEP 3

기준에 따라 딱지를 분류해요

월   일

1 [보기]와 같이 공통점이 두 가지씩 있는 딱지를 둘씩 짝지으면 한 장의 딱지가 남습니다. 남는 딱지를 찾아 ○표 해 보세요.

보기

삼각형이 있다, 1이 있다

파란색이 있다, 2가 있다

❶

❷

❸

생각이 자라는
STEP 1

❸ 기준에 맞게 빈칸을 채워요
어떤 점이 닮았을까?

월   일

1 각국 국기 중에서 공통점이 있는 국기를 찾아, 기준에 맞게 알맞은 번호를 빈칸에 써 보세요.

❶
① 독일 ② 나이지리아 ③ 핀란드 ④ 브라질 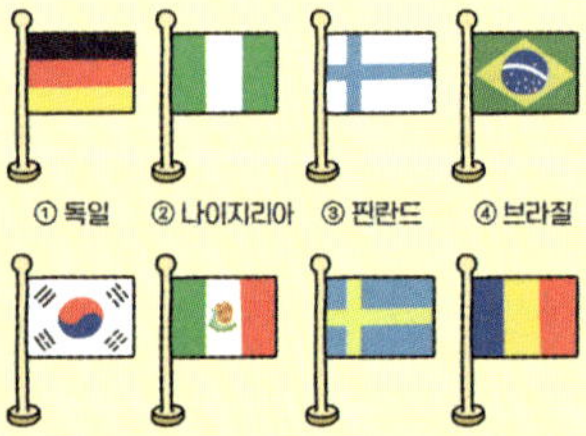
⑤ 대한민국 ⑥ 멕시코 ⑦ 스웨덴 ⑧ 루마니아

노란색이 있다	노란색이 없다
①, ④, ⑦, ⑧	②, ③, ⑤, ⑥

빨간색이 있다	빨간색이 없다	빨간색이 있다	빨간색이 없다
①, ⑧	④, ⑦	⑤, ⑥	②, ③

❷ (예)
① 베트남 ② 온두라스 ③ 카자흐스탄 ④ 폴란드 
⑤ 스웨덴 ⑥ 중국 ⑦ 캐나다 ⑧ 소말리아

별이 있다	별이 없다
①, ②, ⑥, ⑧	③, ④, ⑤, ⑦

흰색이 있다	흰색이 없다	흰색이 있다	흰색이 없다
②, ⑧	①, ⑥	④, ⑦	③, ⑤

특징을 떠올려 분류해요

1 [보기]와 같이 올림픽에 참가한 선수들을 기준에 따라 나누어 빈칸에 알
맞은 번호를 써 보세요.

보기

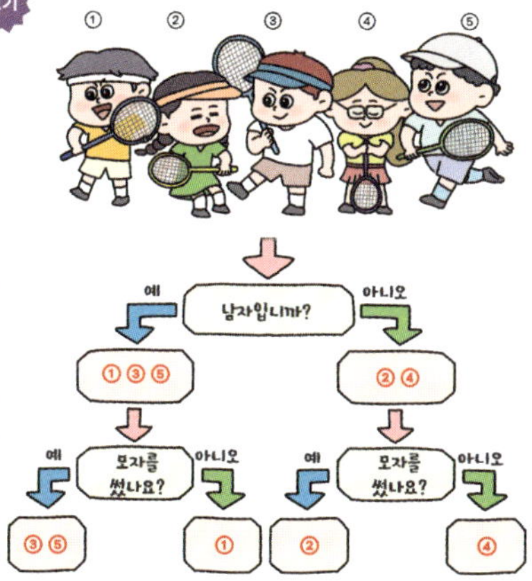

① ② ③ ④ ⑤

↓
남자입니까?
에 ← → 아니오

① ③ ⑤   ② ④

에 ← 모자를 썼나요? → 아니오   에 ← 모자를 썼나요? → 아니오

③ ⑤   ①   ②   ④

❶

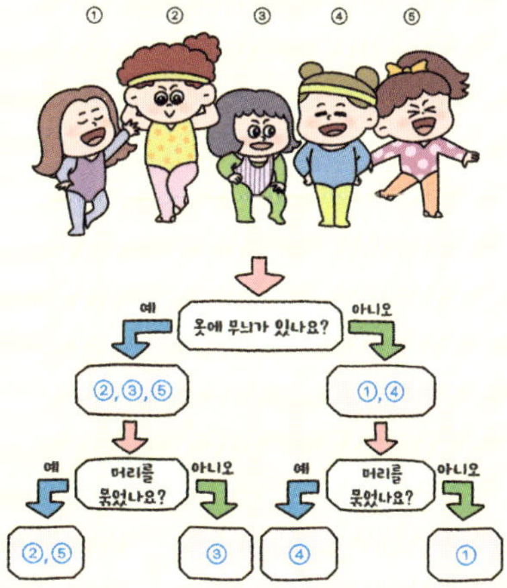

① ② ③ ④ ⑤

↓
옷에 무늬가 있나요?
에 ← → 아니오

②, ③, ⑤   ①, ④

에 ← 머리를 묶었나요? → 아니오   에 ← 머리를 묶었나요? → 아니오

②, ⑤   ③   ④   ①

❷

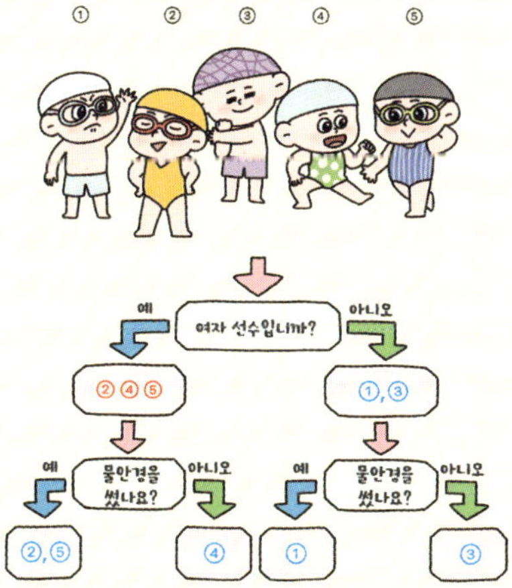

① ② ③ ④ ⑤

↓
여자 선수입니까?
에 ← → 아니오

② ④ ⑤   ①, ③

에 ← 물안경을 썼나요? → 아니오   에 ← 물안경을 썼나요? → 아니오

②, ⑤   ④   ①   ③

❸

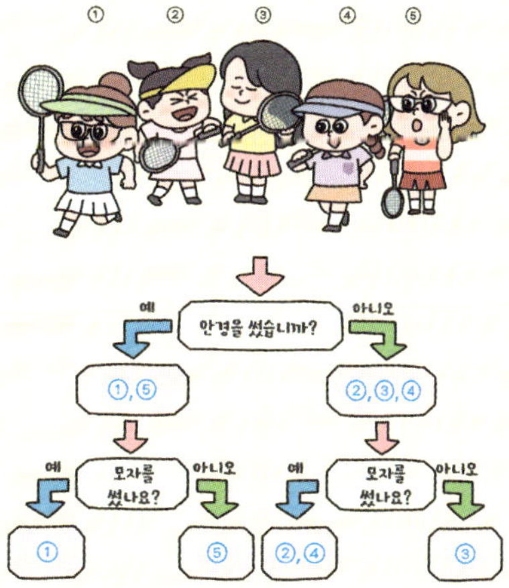

① ② ③ ④ ⑤

↓
안경을 썼습니까?
에 ← → 아니오

①, ⑤   ②, ③, ④

에 ← 모자를 썼나요? → 아니오   에 ← 모자를 썼나요? → 아니오

①   ⑤   ②, ④   ③

어떤 기준으로 분류했을까?

1 [보기]와 같이 어떤 기준으로 나눴는지 빈칸에 들어갈 알맞은 기준을 써 보세요.

보기

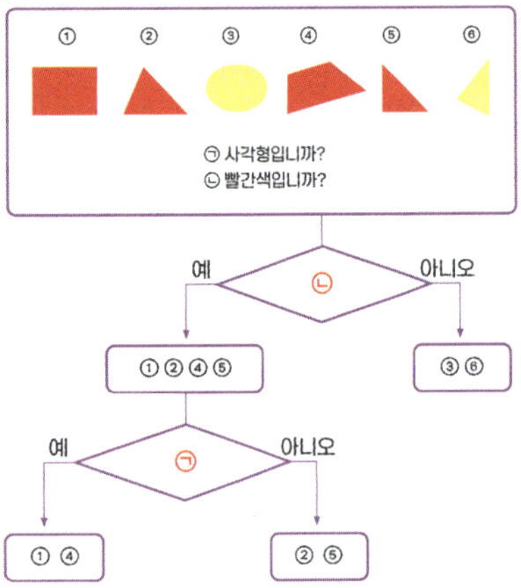

①	②	③	④	⑤	⑥

㉠ 사각형입니까?
㉡ 빨간색입니까?

예 ──── ㉡ ──── 아니오

① ② ④ ⑤   ③ ⑥

예 ──── ㉠ ──── 아니오

① ④   ② ⑤

❶

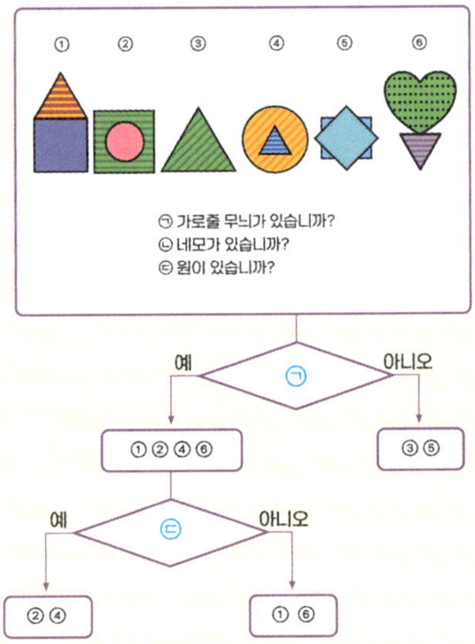

①	②	③	④	⑤	⑥

㉠ 가로줄 무늬가 있습니까?
㉡ 네모가 있습니까?
㉢ 원이 있습니까?

예 ──── ㉠ ──── 아니오

① ② ④ ⑥   ③ ⑤

예 ──── ㉢ ──── 아니오

② ④   ① ⑥

---

❷

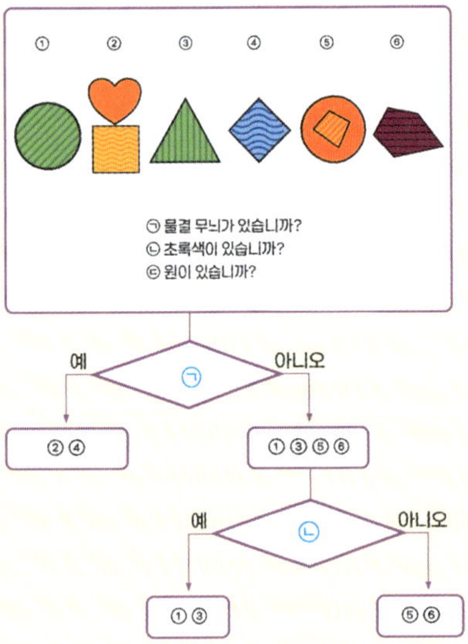

①	②	③	④	⑤	⑥

㉠ 물결 무늬가 있습니까?
㉡ 초록색이 있습니까?
㉢ 원이 있습니까?

예 ──── ㉠ ──── 아니오

② ④   ① ③ ⑤ ⑥

예 ──── ㉡ ──── 아니오

① ③   ⑤ ⑥

❸

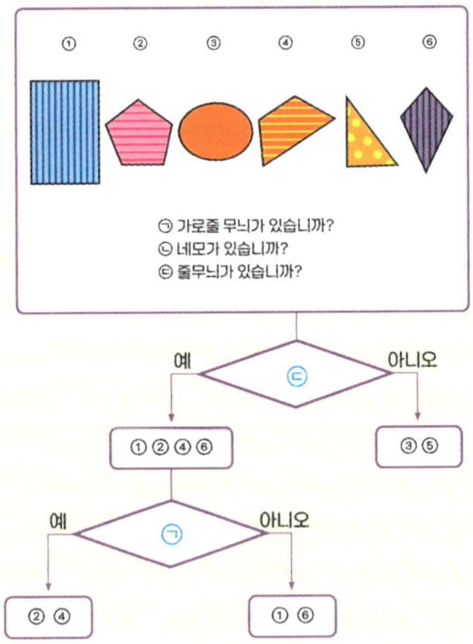

①	②	③	④	⑤	⑥

㉠ 가로줄 무늬가 있습니까?
㉡ 네모가 있습니까?
㉢ 줄무늬가 있습니까?

예 ──── ㉢ ──── 아니오

① ② ④ ⑥   ③ ⑤

예 ──── ㉠ ──── 아니오

② ④   ① ⑥

❹ 표와 친해져요
종류별로 묶어 빈칸을 채워요

1 달콤 도넛 가게가 문을 열었습니다.

❶ 주인 아저씨가 만든 도넛을 종류별로 모아 번호를 써 보세요.

🍓 딸기 도넛	①, ⑨, ⑩, ⑪, ⑭, ㉒
🍌 바나나 도넛	②, ⑥, ⑱, ⑲, ㉑, ㉒, ㉓
🍵 녹차 도넛	④, ⑤, ⑦, ⑧
🍫 초코 도넛	③, ⑫, ⑬, ⑮, ⑯, ⑰, ⑳, ㉔

❷ ❶에서 찾은 자료를 표로 나타내려고 합니다. 빈칸에 알맞은 말 또는 수를 써 보세요.

도넛	딸기	바나나	녹차	초코	합계
개수(개)	6	7	4	8	25

❸ 가장 많이 만든 도넛은 어떤 도넛인지 써 보세요.

초코 도넛

---

2 다음 흩어진 연결 큐브를 보고 물음에 답하세요.

❶ 연결 큐브 중 색깔이 같은 것끼리 모아 번호를 써 보세요.

🟥	🟨	🟦	🟩
④, ⑤, ⑥, ⑦, ⑪	②, ⑩, ⑮	③, ⑨, ⑬, ⑭	①, ⑧, ⑫

❷ 연결 큐브 중 무늬가 같은 것끼리 모아 번호를 써 보세요.

☆	③, ⑥, ⑦, ⑧, ⑩, ⑬, ⑭
♡	①, ②, ④, ⑤, ⑨, ⑪, ⑫, ⑮

❸ 연결 큐브 중 색깔과 무늬를 구분해서 몇 개씩 있는지 표로 나타내 보세요.

	🟥	🟨	🟦	🟩
☆	2 개	1 개	2 개	2 개
♡	3 개	2 개	2 개	1 개

STEP 2 개수를 세어 표를 채워요

월	일

1 다음 흩어진 딱지를 보고 물음에 답하세요.

❶ 딱지의 점의 개수와 색깔을 기준으로 나눈 뒤 각각 몇 개씩 있는지 표에 알맞은 수를 써 보세요.

점 8개	점 9개
8 개	9 개

빨강	파랑	초록
6 개	6 개	5 개

❷ 점의 개수별로 각 색깔의 딱지가 몇 개씩인지 하나의 표로 정리해서 빈칸에 알맞은 수를 써 보세요.

	빨강	파랑	초록
점 1개	3 개	4 개	1 개
점 3개	3 개	2 개	4 개

❸ 정리한 표를 보고 빈칸에 알맞은 수를 써 보세요.

빨간색 딱지는 모두 몇 개인가요? 　[6] 개

검은색 점이 1개인 딱지는 모두 몇 개인가요? 　[8] 개

파란색이면서 검은색 점이 1개인 딱지는 모두 몇 개인가요? 　[4] 개

초록색이면서 검은색 점이 3개인 딱지는 모두 몇 개인가요? 　[4] 개

STEP 2

월	일

2 정원이네 모둠 학생들은 어제와 오늘 윗몸일으키기를 했습니다. 표의 빈칸을 채우고 물음에 답하세요.

	정원	지원	성연	도연
어제	33개	24개	15개	28개
오늘	36개	30개	25개	20개
합계	69 개	54 개	40 개	48 개

❶ 어제와 오늘 합해서 윗몸일으키기를 가장 많이 한 학생은 누구인지 써 보세요.

[정원]

❷ 어제와 오늘 합해서 윗몸일으키기를 가장 적게 한 학생은 누구인지 써 보세요.

[성연]

❸ 어제와 오늘 합해서 윗몸일으키기를 가장 많이 한 학생은 가장 적게 한 학생보다 몇 개 더 많이 했는지 구하세요.

[29] 개

3 지원이네 반 학생들 중 안경을 쓴 학생들을 표로 정리했습니다. 표의 빈칸을 채우고 물음에 답하세요.

	안경을 쓴 학생	안경을 안 쓴 학생	합계
남학생	7명	9명	16 명
여학생	5명	8명	13 명
합계	12 명	17 명	29 명

❶ 안경을 쓴 학생은 모두 몇 명인지 써 보세요.

[12] 명

❷ 안경을 쓴 여학생은 안경을 안 쓴 여학생보다 몇 명 더 적은지 구하세요.

[3] 명

❸ 지원이네 반 학생은 모두 몇 명인지 써 보세요.

[29] 명

102/103

104/105

4 시우네 반 학생들의 주말 활동을 조사해 표로 정리했습니다. 다음 물음에 답하세요.

	수영	축구	태권도	줄넘기	합계
여학생 (명)	4	2	2	7	15
남학생 (명)	3	7	4	3	17
합계 (명)	7	9	6	10	32

❶ 표의 빈칸에 들어갈 알맞은 수를 써 보세요.

❷ 시우네 반 학생은 모두 몇 명인가요?
32 명

❸ 주말에 가장 많은 학생들이 한 운동은 무엇인가요?
줄넘기

5 은우네 반 학생들의 몸무게를 조사해 표로 정리했습니다. 다음 물음에 답하세요.(단, kg은 "kg이거나 kg 보다 무겁고 kg보다는 가볍다." 를 뜻해요.)

	24kg ~ 27kg	27kg ~ 30kg	30kg ~ 33kg	33kg ~ 36kg	합계
여학생 (명)	5	2	5	3	15
남학생 (명)	1	6	4	4	15
합계 (명)	6	8	9	7	30

106 / 107

❶ 표의 빈칸에 들어갈 알맞은 수를 써 보세요.

❷ 은우네 반 여학생은 모두 몇 명인가요?
15 명

❸ 30kg~33kg에 속하는 학생은 남학생과 여학생 중 어느 쪽이 더 많은가요?
여학생

표를 보고 빈칸을 채워요

1 정원이는 반 학생들의 장래 희망과 가장 가고 싶은 나라를 조사했습니다.
(단, 모든 학생이 빠짐없이 한 가지씩 답했습니다.)

❶ 정원이네 반 친구들의 장래 희망을 조사해 표로 나타냈습니다. 다음 물음에 답해 보세요.

	요리사	의사	가수	미술사	과학지
남학생 (명)	2	2	5	3	3
여학생 (명)	5	3	3	0	2

① 가수가 되고 싶은 학생은 모두 몇 명인가요?
8 명

② 여학생 중에서 가장 많이 선택한 장래 희망은 무엇인가요?
요리사

③ 정원이네 반 학생들은 모두 몇 명인가요?
28 명

❷ 정원이네 반 친구들이 가장 가고 싶어하는 나라를 조사해 표로 나타냈습니다. 다음 물음에 답해 보세요.

	미국	녹밀	브라질	프랑스	뚱북
남학생 (명)	4	2	3	?	1
여학생 (명)	3	2	1	4	3

108 / 109

① 정원이네 반 여학생은 모두 몇 명인가요?
13 명

② 프랑스에 가고 싶은 남학생은 몇 명인가요?
5 명

③ 가장 많은 학생들이 가고 싶어하는 나라는 어디인가요?
프랑스

⑤ 그래프와 친해져요
그래프를 보고 특징을 발견해요

1 다음은 한 달 동안의 날씨를 그래프로 나타낸 것입니다. 그래프를 보고 알 수 있는 사실을 모두 골라 ○표 해 보세요.

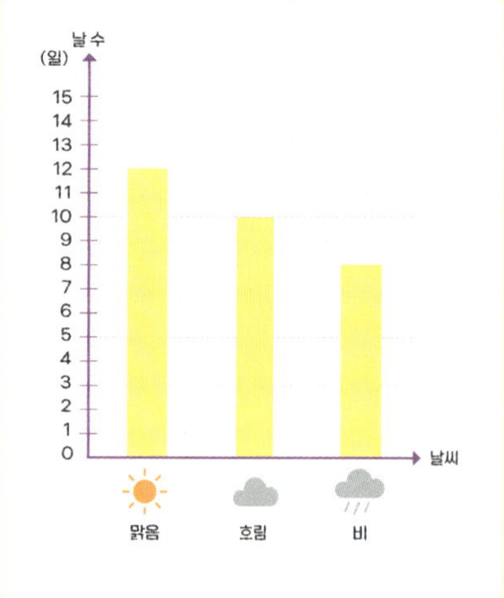

흐린 날은 10일입니다.

이 달에는 비가 온 날이 가장 많습니다.

맑은 날은 13일입니다.

비가 온 날은 8일입니다.

한 달이 30일인 달의 날씨입니다.

흐린 날이 가장 많습니다.

---

2 다음 그래프에는 잘못된 부분이 있습니다. 어떤 점이 잘못되었는지 오른쪽에서 찾아 □에 알맞은 번호를 써 보세요.

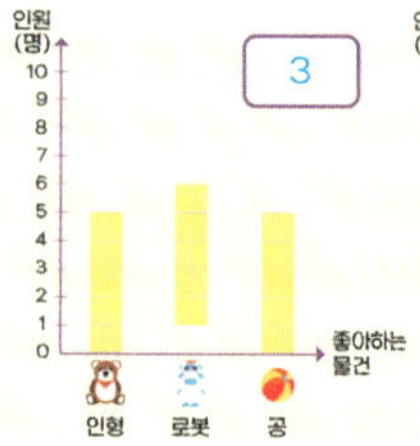

1 눈금의 크기가 모두 같아야 하는데 눈금의 크기가 1씩 커지다가 2씩 커진다.

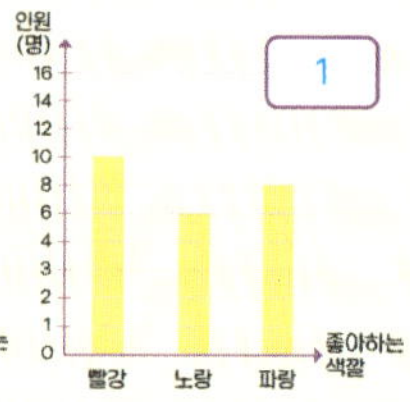

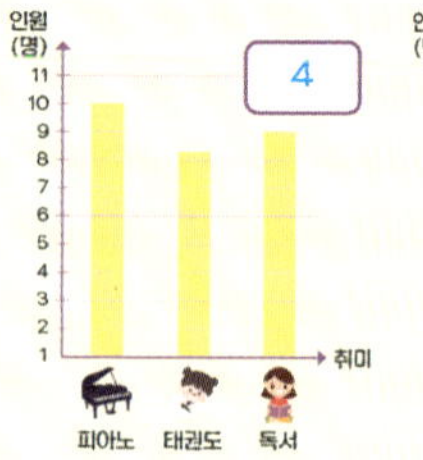

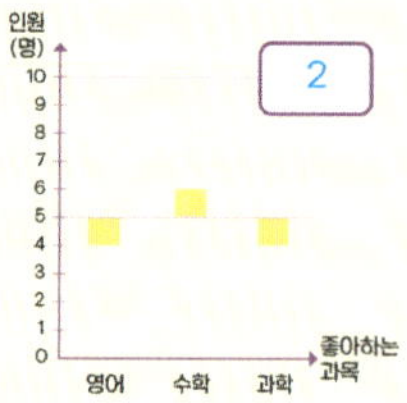

2 눈금이 0인 칸부터 전체를 막대 모양으로 색칠해야 하는데 맨 위의 1칸만 색칠했다.

3 막대그래프는 눈금이 0인 칸부터 순서대로 색칠해야 하는데 눈금이 1인 칸부터 색칠했다.

4 그래프의 왼쪽 눈금은 0부터 시작해야 하는데 왼쪽 눈금이 1부터 시작한다.

그래프와 표를 함께 채워요

1 그래프를 보고 잘못 이야기한 친구를 찾아 [보기]와 같이 ○표 해 보세요.

보기

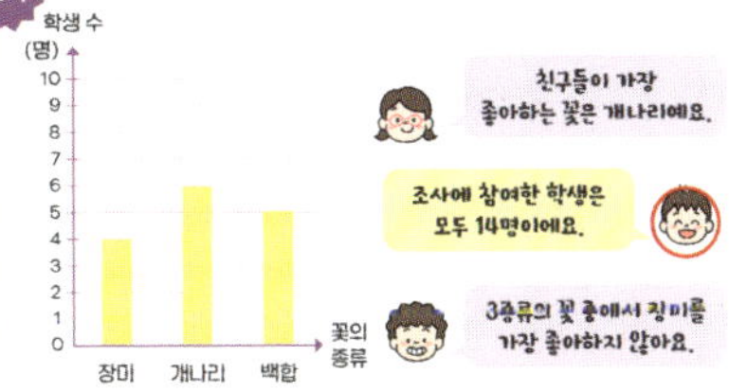

학생 수
(명)

친구들이 가장
좋아하는 꽃은 개나리예요.

조사에 참여한 학생은
모두 14명이에요.

3종류의 꽃 중에서 장미를
가장 좋아하지 않아요.

꽃의
종류

장미 개나리 백합

❷
학생 수
(명)

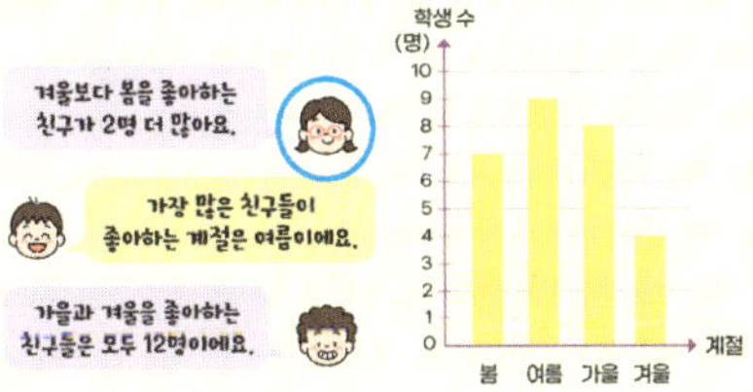

겨울보다 봄을 좋아하는
친구가 2명 더 많아요.

가장 많은 친구들이
좋아하는 계절은 여름이에요.

가을과 겨울을 좋아하는
친구들은 모두 12명이에요.

봄 여름 가을 겨울 계절

❶
몸무게
(kg)

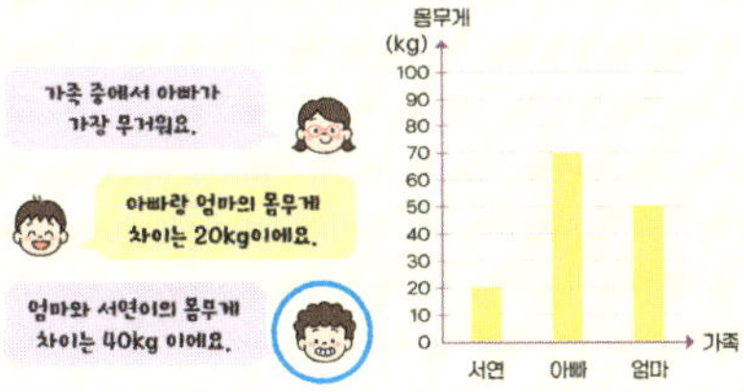

가족 중에서 아빠가
가장 무거워요.

아빠랑 엄마의 몸무게
차이는 20kg이에요.

엄마와 서연이의 몸무게
차이는 40kg이에요.

서연 아빠 엄마 가족

❸ 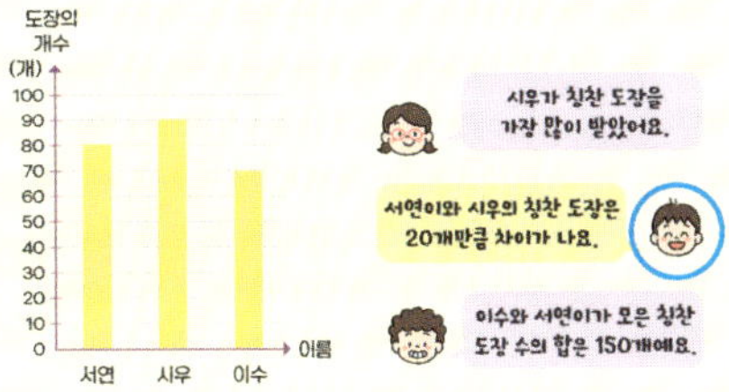
도장의
개수
(개)

시우가 칭찬 도장을
가장 많이 받았어요.

서연이와 시우의 칭찬 도장은
20개만큼 차이가 나요.

이수와 서연이가 모은 칭찬
도장 수의 합은 150개예요.

서연 시우 이수 이름

---

2 다음 바닥에 흩어진 책을 보고 물음에 답하세요.

위인전 과학책 동화책

❶ 책을 종류별로 세어 표로 나타내 보세요.

책 종류	동화책	위인전	과학책	합계
권 수(권)	7	4	9	20

❷ 표를 다시 막대그래프로 나타내 보세요.

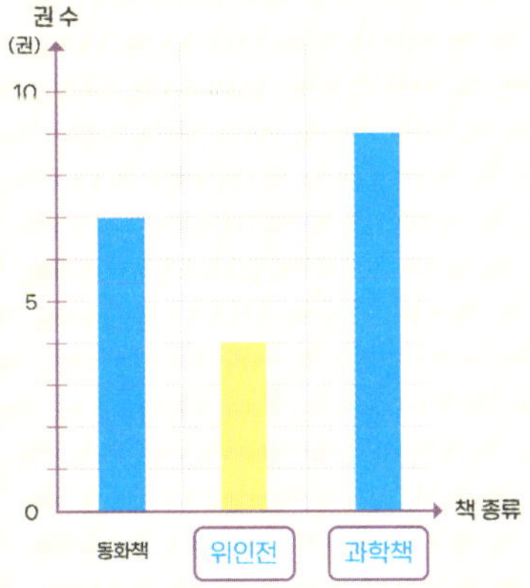

권 수
(권)

10

5

0

동화책 위인전 과학책 책 종류

월   일

3 반의 남학생과 여학생의 혈액형을 조사해 나타낸 것을 보고 물음에 답하세요.

 A형   B형   O형   ● AB형

❶ 조사 결과를 표로 정리해 보세요.

	A형	B형	O형	AB형	합계 (명)
남학생(명)	4	4	3	2	13
여학생(명)	3	4	5	2	14
합계(명)	7	8	8	4	27

❷ ❶에서 만든 표로 막대그래프를 완성해 보세요.

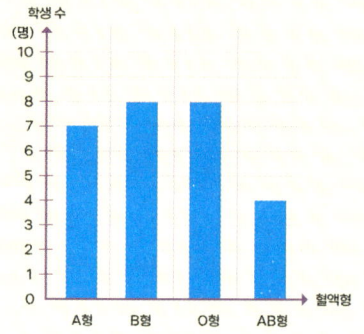

그래프를 정확히 이해해요 ●

월   일

1 운동 경기별 한 팀에 필요한 인원이 몇 명인지 조사해 나타낸 그래프입니다. 그래프를 보고 옳은 설명을 모두 골라 번호를 써 보세요.

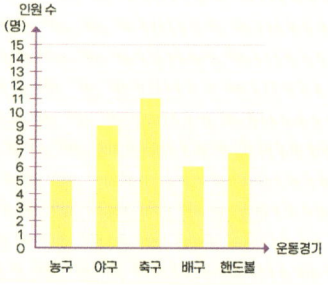

① 핸드볼 경기를 하는 데 한 팀에 필요한 인원은 6명입니다.
② 5개의 운동 경기 중 가장 많은 인원이 필요한 경기는 축구입니다.
③ 야구 경기를 하려면 농구 경기 인원보다 한 팀당 3명씩 더 필요합니다.
④ 농구와 배구 경기의 한 팀에 필요한 인원을 더하면 모두 11명입니다.
⑤ 5개의 운동 경기 중 한 팀의 인원이 가장 적게 필요한 경기는
   배구입니다.

②, ④

2 반 학생들이 좋아하는 색을 조사해 나타낸 그래프입니다. 그래프를 보고 잘못된 설명을 모두 골라 번호를 써 보세요.

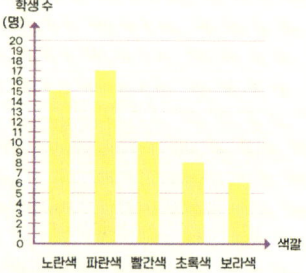

① 반 학생들은 파란색을 가장 좋아합니다.
② 보라색을 좋아하는 학생은 5명입니다.
③ 초록색 또는 보라색을 좋아하는 학생은 모두 14명입니다.
④ 학생들이 두 번째로 좋아하는 색은 노란색입니다.
⑤ 파란색을 좋아하는 학생은 빨간색을 좋아하는 학생보다
   5명 더 많습니다.

②, ⑤

월   일

3 친구들에게 선물할 인형입니다. 물음에 답하세요.

❶ 인형들을 아래 기준에 따라 표로 정리해 보세요.

	분홍색	하늘색	노란색	합계 (개)
곰 (개)	5	4	7	16
토끼 (개)	6	3	4	13
합계 (개)	11	7	11	29

❷ 표를 보고 막대그래프를 완성해 보세요.

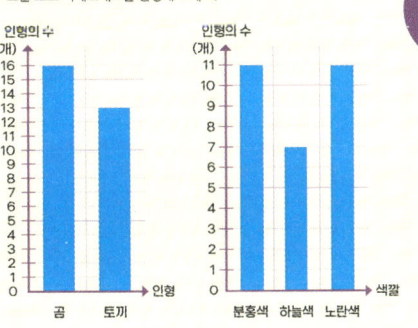

122
123

---

❻ 경우와 가능성을 살펴요
무엇이 뽑힐까?

월   일

1 다음은 백화점 경품 이벤트에 참여한 사람들이 받고 싶은 경품에 응모권을 넣은 것입니다. 자동차, 냉장고, 핸드폰 각각 1개씩 경품으로 받을 수 있을 때, 물음에 답하세요.

❶ 응모권을 넣은 사람의 수가 많아지면 경품을 받기 쉬워질까요, 어려워질까요? 옳은 쪽에 ◯표 해 보세요.

```
경품을 받기 쉬워진다        경품을 받기 어려워진다
```
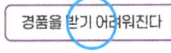

124
125

❷ 정우네 가족 중 아빠는 자동차, 엄마는 냉장고, 정우는 핸드폰을 골라 경품함에 응모권을 넣었어요.

① 정우네 가족 중에서 당첨 가능성이 가장 높은 사람은 누구일까요?

엄마

② 정우네 가족 중에서 당첨 가능성이 가장 낮은 사람은 누구일까요?

아빠

월 일

2 서로 다른 구슬이 든 상자가 놓여 있습니다. 다음 물음에 답하세요.

❶ 1개의 구슬을 꺼낼 때 나올 수 있는 색깔의 수는 몇 가지인지 생각해 빈칸에 써 보세요.

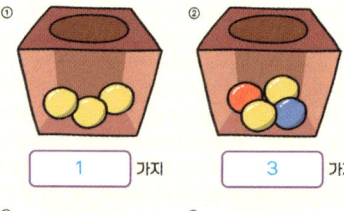

① 1 가지   ② 3 가지

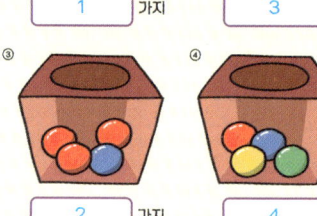

③ 2 가지   ④ 4 가지

❷ ❶에서 4개의 상자 중 1개를 선택해 구슬 1개를 뽑으려고 합니다. 초록색 구슬을 뽑아야 상품을 탈 수 있습니다. 몇 번 상자를 선택하는 것이 가장 유리한지 번호를 써 보세요.

④

❸ ❶에서 4개의 상자 중 1개를 선택해 구슬 1개를 뽑으려고 합니다. 빨간색 구슬을 뽑아야 상품을 탈 수 있다면, 몇 번 상자를 선택하는 것이 가장 유리한지 번호를 써 보세요.

③

❹ ❶에서 4개의 상자 중 1개를 선택해 구슬 1개를 뽑으려고 합니다. 노란색 구슬을 뽑아야 상품을 탈 수 있다면, 몇 번 상자를 선택하는 것이 가장 유리한 순서대로 번호를 써 보세요.

 ① ② ④ ③

126
127

어떤 일이 자주 일어날까?

월 일

1 돌림판을 돌릴 때 어떤 결과가 나올지 다음 물음에 답하세요.

❶ 돌림판을 여러 번 돌렸을 때 빨간색과 파란색 중 어떤 색깔이 나올 가능성이 더 높은지 답하세요.

빨간색

❸ 4가지 색이 각각 나올 가능성이 모두 같은 돌림판을 찾아 ○표 해 보세요.

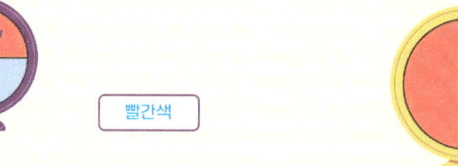

❷ 돌림판을 여러 번 돌렸을 때 파랑, 보라, 노랑, 초록 중 어떤 색깔이 나올 가능성이 더 높은지 답을 골라 번호를 써 보세요.

① 파랑 ② 보라 ③ 노랑 ④ 초록 ⑤ 모두 같다

⑤

128
129

월　　　일

2 돌림판을 10번씩 돌려 나온 수의 합이 가장 큰 사람이 이기는 게임입니다.
4가지 돌림판 중에서 이 게임에 가장 유리한 돌림판을 찾아 ○표 해 보세요.

3 아래 돌림판은 돌림판을 여러 번 돌렸을 때 1과 2가 나올 가능성이 같습
니다. 이와 같은 또 다른 돌림판 모양을 2가지 그려 보세요.

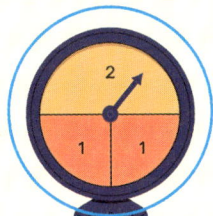

(예)

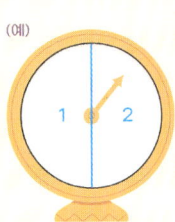

곱셈으로 경우의 수를 살펴요

월　　　일

1 주사위 두 개를 굴려서 나온 수의 합과 상자의 번호가 같아야 열리는 보물
상자가 있습니다. 물음에 답하세요.

❶ 주사위 두 개를 던져서 나올 수 있는 수의 합은 어떤 수가 있는지 계산해
표의 빈칸을 채우세요.

+	1	2	3	4	5	6
1	2	3	4	5	6	7
2	3	4	5	6	7	8
3	4	5	6	7	8	9
4	5	6	7	8	9	10
5	6	7	8	9	10	11
6	7	8	9	10	11	12

❷ 주사위 두 개를 던져서 나온 수의 합 중 나올 수 있는 가능성이 가장 높은
수를 써 보세요.

7

❸ 주사위를 아무리 많이 던져도 열 수 없는 보물 상자의 번호는 1번부터 12번
상자 중 몇 번 상자인지 써 보세요.

1

167

2 주사위 두 개를 굴려서 나온 수의 곱과 상자의 번호가 같으면 열리는 보물
   상자가 있습니다. 물음에 채우세요.

❶ 주사위 두 개를 던져서 나올 수 있는 수의 곱은 어떤 수가 있는지 계산해
   표의 빈칸을 채워 보세요.

×	1	2	3	4	5	6
1	1	2	3	4	5	6
2	2	4	6	8	10	12
3	3	6	9	12	15	18
4	4	8	12	16	20	24
5	5	10	15	20	25	30
6	6	12	18	24	30	36

❷ 주사위 두 개를 던져서 나온 수의 곱 중 나올 수 있는 가능성이 가장 높은
   수를 모두 써 보세요.

   6 , 12

❸ 주사위를 아무리 많이 던져도 열 수 없는 보물 상자의 번호는 1번부터 12번
   상자 중 몇 번 상자인지 모두 써 보세요.

   7 번, 11 번

134
135

168